浙江省丝绸与时尚文化研究中心项目成果

2017 年度浙江理工大学人文社科学术专著出版基金资助(17186133-Y)

服装流行传播与社交圈

刘丽娴　凌春娅　著

 ZHEJIANG UNIVERSITY PRESS
浙江大学出版社

图书在版编目（CIP）数据

服装流行传播与社交圈 / 刘丽娴，凌春娅著.
—杭州：浙江大学出版社，2018.8
ISBN 978-7-308-18399-4

Ⅰ.①服… Ⅱ.①刘… ②凌… Ⅲ.①服装设计②服
装—品牌营销 Ⅳ.①TS941.2②F768.3

中国版本图书馆 CIP 数据核字（2018）第 150140 号

服装流行传播与社交圈

刘丽娴　凌春娅　著

责任编辑	王元新	
责任校对	韦丽娟	
封面设计	郑嫣然	
出版发行	浙江大学出版社	
	（杭州市天目山路 148 号　邮政编码 310007）	
	（网址：http://www.zjupress.com）	
排　　版	杭州好友排版工作室	
印　　刷	浙江海虹彩色印务有限公司	
开　　本	787mm×1092mm　1/16	
印　　张	12.75	
字　　数	302 千	
版 印 次	2018 年 8 月第 1 版　2018 年 8 月第 1 次印刷	
书　　号	ISBN 978-7-308-18399-4	
定　　价	39.80 元	

目　录
CONTENTS

1

The theory of fashion dissemination

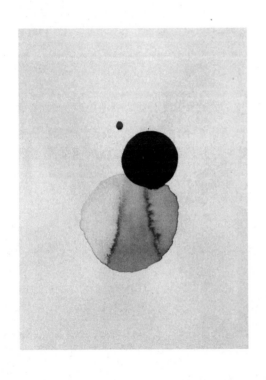

服装流行传播理论

本 章 概 要

服装流行的定义 / 时代语境中的流行 / 传播的基本理论概述

服装流行传播理论的类型 / 服装流行传播的特点

流行,作为一种社会现象,往往与时代语境交织。纵览历史发展的轨迹与文脉,每一次重大的社会变革、科学技术的进步、社会人文思潮的演变均折射于当时的流行。

1.1　服装流行的定义

作为一种社会现象,流行在社会学或心理学中通常被定义为:"指一个时期内社会上或某一群体中广为流传的生活方式。"流行是一种普遍的社会现象,指在一定历史时期内,在一定的区域或全球范围内,由一定数量范围的人,受某种意识的驱使,以模仿为媒介,迅速地接受符合自己的价值观念、思想意识、认知方式的事物,从而使其在短时间内大量同化、广泛扩散的社会现象。

流行发生在众多领域,是流行对象(包括流行的事物、行为、思想观点)与流行过程的综合,既有空间性也有时间性的存在。根据不同情况,流行在英语中对应的单词有如下几种:Fashion(时代中最一般普遍的行为方式的流行,多用于服饰品,也译为时装);Mode(主要用于服饰品,最新的流行,也译为摩登);Fad(短暂的流行,广泛用于各种流行现象);Vogue(来源于法语,新鲜时髦之意);Craze(影响范围很大的狂热流行);Boom(主要用于经济景气之类的流行现象);Trendy(前卫时髦的流行趋势)。

"流行"是一个内容丰富、成分复杂的概念,涉及社会生活的各个领域,既可以发生在日常生活最普通领域,以特定的物质形式为载体而形成流行,如衣着、服饰、饮食等方面;也可以发生在社会的日常接触和生活中,以各种各样的符号或象征等构成传播,如语言、娱乐等方面;还可以发生在人们的意识形态活动中,是创造流行产品的精神思想因素,如文艺、宗教、政治等方面。在一定时间内出现的流行,在经历一段时间的传播后,就会作为"旧"的东西而逐渐消失,于是"新"的流行便取而代之。但"新"的流行也不会是永远新的,它的存在时间也会很快结束,又被新一波的流行所取代。如此一波一波的流行传播,成为流行存在的基本形式。

从流行的概念看,流行包含以下三个方面的含义:

(1)流行是人们通过对某种生活方式及社会思潮的跟随与追求,从而满足身心等方面的需求。它涉及的范围十分广泛,既包括物质性因素,也包括精神性因素。

(2)流行的形成是有相当数量的人去模仿和追求,并达成一定的规模,从而普及开来的某种现象。现代意义上的流行不仅仅停留在量的方面,也不仅仅意味着同大量的人的结合,而是渗透到人们的日常生活中,成为人们日常生活不可分割的一部分,构成了大众精神生活的重要部分。

（3）流行是发生在一定时期内的社会现象，过了一定时间，便不再流行。若长久持续，就会转化为人们的习惯，成为社会传统。任何一种流行现象都经历了产生、发展、兴盛和衰亡的过程。

综上所述，流行是按一定节奏、以一定周期，在一定地区或全球范围内，在不同层次、阶层和阶级的人口中广泛传播起来的文化，内容必须是新近发生的新颖样式、流行的整个过程在社会生活中显得非常短暂、突出反映了当时的社会和文化背景、围绕生活中的"琐碎小事"兴起和消亡。

1.2　时代语境中的流行

服装的流行文化是在一定时期内，在民众中普遍传播，并经由社会特定领域内某种力量的推动而在有限的周期内迅速起落的特殊文化。时尚流行文化已经成为当今社会中的一种重要的社会文化现象。正如法国著名的社会学家鲍德里亚（Jean Baudrillard）[①]指出："流行，作为政治经济学的当代表演，如同市场一样，是一种普遍的形式。"

英国的著名社会学家斯宾塞（Herbert Spencer）[②]认为"服装的流行是社会的一种表演活动"。人的天性促使人在社会生活中追求时装的外观形式，而且通过时装外观的讲究和不断变化，各个阶级和阶层的人之间实现了相互模拟和区分化。在这种情况下，服装的流行就具有一定的社会意义了。

德国社会学家格奥尔格·齐美尔（Georg Simmel）[③]是从社会互动和服装流行的社会区分化功能的角度来深入揭示服装流行的本质的。他认为，通过具有外观表现力的服装的流行，社会个别成员可以实现个人同社会整体的适应过程，从而实现其个性的社会化。而社会整体结构的运作，也可以借助于服装的流行，把流行作为文化桥梁或催化剂，将个人整合到社会中去。

同一时代，另一位著名的德国社会学家威尔纳·松巴特（Werner Sombart）[④]则认为，服装的流行无非是随着奢侈生活方式的传播而兴起的。他认为，作为一种奢侈的生活方式，服装这种流行文化的载体迅速改变了社会的结构和人们的精神状态。美国社会学家凡勃伦（Thorstein B. Veblen）在《有闲阶级论》一书中，也将服装的流行描述成"炫耀性消费"的直接表现。

---

① 鲍德里亚的主要著作有《消费社会》《生产之镜》《完美的罪行》等，作为先锋的社会理论家，一直被推崇为新的麦克卢汉。

② 斯宾塞的主要著作有《社会静力学》《第一项原则》，他提出的学说把进化理论适者生存应用在社会学上尤其是教育及阶级斗争。

③ 奥尔格·齐美尔的主要著作有《货币哲学》《陌生人》，他反对社会是脱离个体心灵的精神产物的看法，认为这是一种神秘主义和概念主义的观点，但社会并不是个人的总和，而是由互动结合在一起的若干个人的总称。

④ 威尔纳·松巴特著有《犹太人与经济生活》。

法国著名的社会学家罗兰·巴特(Roland Barthes)①曾说过:"服装的流行是流行文化的一种最典型的表现形态。"服装流行即服装作为流行事物的流行过程。它同样具有空间性和时间性的双重意义,是一种客观存在的社会现象,也是特定的生活状态、心理和社会文化环境表现于服装的反映。流行服装则指具体的流行事物在一定时期、一定区域内,被大多数人所接受或采纳的服装作品或服装商品。

服装流行是指服装的文化倾向,是被市场某一类或几类消费群体在一定区域范围和时间范围内认同和广为接受的当前穿着的式样风格,从而形成了新兴服装的穿着潮流。服装的流行也是一种社会文化现象,它意味着人们服饰审美心理和审美标准的变化,反映了在不同时代和环境条件下,人们的个性表现和社会规范之间的平衡和协调;反映了一定历史时期和地区内的人们对服装的款式、色彩、面料及着装方式的崇尚和追求,并使这种局部的着装方式通过竞相模仿和传播形成一种逐渐扩大性的社会风潮。

进入18世纪后半叶,由于西方工业文明的崛起,经济飞速发展,近代的流行在范围和速度上逐渐向现代化靠拢。高级时装之父查尔斯·沃斯(Charles Frederick Worth)②开创了服装表演和时尚模特的先河,服装流行的商业模式开始显现。经历了第一次世界大战,服装的流行特征开始呈现出来,服装的款式以及加工方式发生了很大的变化,服装开始趋于简洁和实用,女装的设计吸取了很多男装和军装的设计元素,呈现出更多现代女装的特征。第二次世界大战后,服饰界真正的流行出现了。这时的服饰受到战争的影响,相当多的设计师的作品不同程度地表达了人们在战后所迸发出的对美、对和平盛世的强烈期待,设计师倾向从最初几何形的硬直的女强人式向柔和的外形变化,表现出现代女性生活的基本理念,立即博得了人们的青睐,引起了时代的共鸣。

20世纪60年代是现代意义的时装流行真正形成的年代,成衣的批量化生产模式成为时装生产的主流,时装成本的降低使时装流行不再成为富有阶层的特权,年轻人和普通大众成为成衣消费的主体,他们的诉求影响着时装设计的发展。许多高级时装品牌也放下身段,纷纷开启自己的成衣品牌,并且逐渐替代高级定制。时装设计的风格开始多元化,通俗艺术和街头文化成为设计师们灵感的重要来源,服装流行呈现出多风格、跨阶层、大规模和快速发展的特点。

20世纪90年代之后,网络的发展进一步改变了服装流行的概念。现代服装是以生产的集约化、组织形式的军事化和生活方式的标准化为特色的。在这个大背景下,流行与以往不同的鲜明特色是其浓厚的商业化氛围。随着大众传媒手段的多元化发展和工业生产的高度发展,流行作为一种现代生活模式,成为工业化社会大量生产到大量消费之间的重要桥梁,流行已不再是局限于某一国度、某一民族、某一社会阶层之间的小规模模仿现象,而是朝着打破地域界限,忽略阶级局限的大规模、广范围、高速度、短周期的方向加速发展。同时,流行也不再是过去那种单一的流行模式,而是显现多元化的发展态势。这

---

① 罗兰·巴特的主要著作有《写作的零度》《神话》《符号学基础》《评与真理》等,他认为文学如同所有交流形式一样本质上是一个符号系统,并在多部著作中运用其文本分析法消化言语所指,尝试按照作品本身的组织原则和内部结构揭示文本种种因素的深层含义和背景。

② 查尔斯·沃斯是第一位在欧洲出售设计图给服装厂商的设计师,也是服装界第一位开设时装沙龙的人,更是时装表演的始祖。他最伟大的成就应该是为服装高级化所做出的贡献。

时，流行的主导权也不再只由高级时装设计师掌握，而是由消费者自行选择来决定。

现如今，大众传媒打破了传统传媒单向性的传播方式，越来越多的电子商务平台如"蘑菇街""阿里巴巴"等网络购物平台成为新的流行制造者，流行的主导力量发生了变化。通过智能电子产品的使用，足不出户就能欣赏、讨论、购买、分享我们了解到的时尚资讯和产品。流行文化在工业社会发展下转变成为大众流行中的商业文化。

1.3　传播的基本理论概述

传播是人类社会的基本行为。只要人类社会存在，其交流实践活动就不会停止，而且会不停息的、更加急速剧烈的变革着。人的传播属性不仅使人类向信息社会迈进，也证明了人区别于动物的文明。正如威尔伯·施拉姆（Wilbur Schramm）[①]所言："人既不完全像上帝，也不完全像野兽，他的传播行为，证明他的确是人。"人类的传播现象伴随着人类的生存发展而不断发展，在世界范围内积累了丰富的传播思想、经验和理念。

1.3.1　传播的概念解析

"传播是带有社会性、共同性的人类信息交流的行为和活动。"广义地说，大众传播，就是利用报纸、杂志、图书、电影、电视、唱片、广告等手段，把一定的意识内容和各种信息信号传播给一定数量的读者、观者、听者的一项大众活动。在对大众进行传播时，使用各种媒介和符号来传播一定的意识内容及信号。

在传达的过程中，信息内容是以多种符号的形成来进行传播的，符号可以代表语言、音乐、舞蹈、图形、文字及行为等。以符号为媒介，使传达者的意图、信息、情感能够与接受者进行交流。由于多层次符号的传达，而使接受者在理解或不理解的基础上，精神和行动都有所反映。

人类对于传播的研究可以追溯到希腊时期的哲学家，如柏拉图（Plato）和他的学生亚里士多德（Aristotle）以"修辞"的概念，提出政治传播中宣传的意义并从说服的角度开始了传播效果的研究。对亚里士多德而言，传播是口语的活动，在活动过程中试着去说服对方，透过技巧的建构论点及口语传递，以达到自己的目的，其后有中世纪的学者西塞罗（Cicero）与昆提利安（Quintilian），提出更广泛的传播理论应将教育家的观点整合，并将五百年中有关传播思想集合在他的著作之中，由此可知，哲学家很早就注意到传播这一现象，并且以实用的角度来探讨传播效果问题。

1.3.2　传播过程中的要素

影响整个传播过程的总的系统理论就是传播过程理论。这方面的理论在近几十年当

---

①　威尔伯·施拉姆是传播学科的集大成者和创始人，被称为"传播学之父"，著有《大众传播学》。

中也是有所变化、有所发展的,传播学的奠基人之一拉斯韦尔(Harold Dwight Lasswell),在1948年首先提出了传播过程的五要素,具体如下:

(1)传播者。其是指传播内容的发送者,是传播过程中的第一个要素。传播者是信息传播中的主体,他在传播活动中需要搜集、整理、加工及传递信息。传播者在整个传播过程中起着重要的作用,他决定了传播的信息、传播信息的符号以及信息的流向。传播可能是单个的个体,也可能是一个群体。

(2)传播内容。其在整个传播活动要素中处于第二的位置。大众传播的内容主要包括:一是传播的信息;二是大众传播媒介所传播的内容。这些内容和信息可以是有形的也可以是无形,通过千姿百态的符号表达出来,被受众所接受和理解,从不同的层次影响人们。健康、合理的传播内容是人类整个传播活动的"精神",只有具备这样的传播内容的传播活动才能显现其意义,人类文明才得以进步和发展。

(3)传播媒介。媒介,在传播学上指的就是"承载并传递信息的物理形式,因此传播媒介又可简单地被认为是信息的载体"。它存在于一切人类传播活动中,是人用来传播与取得信息的工具。媒介是视觉传达设计中的桥梁,只有通过媒介的传播,视觉信息才能由设计师到达特定的受众。

媒介是信息交流的中介,是传递信息的载体。传播的信息只有通过一定的传播媒介才能将信息的内容显现出来,才能被人们所接触、理解以及受到影响。没有媒介,受传者就无法接收信息,因此传播媒介是传播过程中必不可少的内容。传播媒介是随着物质的产生而产生的,随着人类社会政治经济文化的发展而变得千姿百态,其发展主要分为四个阶段:口头传播、手抄传播、印刷传播、电子传播。不同的媒介有不同的属性,因而有不同的传达性、吸引性和适应性,这些不同,便形成了各种媒介的特点。

(4)受众。其是传播过程中的第四个要素,是一个集合名词,是指大众传播内容的接收者,大众传播内容的使用者。受众是构成传播过程缺一不可的因素,没有受众就等于没有传播对象,传播活动就没有意义,传播效果就等于零。所以,受众在整个大众传播活动中起着举足轻重的作用。

(5)传播效果。大众传播的效果问题是传播者和受传者最关心的一个大问题,因为效果是传播目的的最终体现,所以大众传播的效果与受传者关系极为密切。效果一般包括大众传播的内容是如何影响受传者的,受传者对传播的内容作出何种反应;影响传播效果的因素有哪些,以及如何提高传播效果等问题。

1.3.3 传播过程中的特点

传播作为社会普遍存在的现象之一,它的形态千变万化,但是也存在共同的特点。

(1)具有完整性的特征:完整的传播活动是由系统各个要素之间相互作用构成的。其中的任何一个要素发生变化都会对整个传播活动产生影响。

(2)动态传播的过程:在传播过程中,信息是把事实本身转换为可以被我们解读的符号语言,因为传播的媒介和手段不同,信息在传播过程中产生的内容也不同,它是在不断发生变化的。传播媒介的丰富、展示手法的增加、展示技术的发展等因素,造成信息在传播过程中不会以静止的状态传递给受众。

（3）双向交流的特征：从以上对传播模式的分析可以看出，在传播过程中信息的交流是处于一个不断运动变化的双向循环过程中，传播媒介将信息传达给受传者，受传者通过重新解读、编码并对接收到的信息做出反馈，整个传播活动是一个双向交流的传播过程。

（4）具有结构性的特征：传播活动是由不同的传播要素组成的，传播要素不同组合起来的传播结构模式就不同，这就可以看出传播活动是一个复杂的过程。通过对单体元素的分析，总结出空间传播过程中各要素的相互关系，从而进一步研究展示空间传播过程中的特点和规律。

1.4 服装流行传播理论的类型

服装流行传播过程是指在特定环境下，流行式样从一些群体向其他群体的传播过程。通常认为流行的群体传播有三种基本模式，即下传理论、上传理论和水平理论。下传理论被称为古典的流行传播过程，在相当长的历史时期内一直是流行传播的主导模式。上传理论，流行理论界对它还有许多争论。持有异议的人认为，那些能够形成一定流行规模的在下层社会的小范围内传播的流行模式，被上层社会发现、使用并加以倡导，然后再形成另一种自上而下的大规模流行。因此，这种过程不能构成一种独立的流行传播，只是古典的自上而下传播过程的一种变形。水平传播的流行过程与大众选择的传播，在第二次世界大战后逐渐发展，已成为当代社会流行的主导传播。

1.4.1 下传理论

下传理论也被称为"下滴论"（Trickle-down Theory），这是关于服装流行传播的早期学说。流行从具有高度政治权利和经济实力的上层阶级开始，依靠人们崇尚名流、模仿上层社会的行为，逐渐向社会的中下层传播，进而形成流行。传统的流行过程多为此类型。

在阶级社会中，服装是划分社会阶层的标志，是财富和权势的象征。身处什么样的阶层，就必须按照规定穿着相应的服装，在服装的款式、色彩、纹样、面料、配饰等方面，都有着非常严格的规定。社会上层阶级把对金钱和闲暇的占有作为显示自己地位和权势的东西，服饰的奢侈是对经济实力和社会地位的夸耀；而处于社会下层的人们总是渴望进入较高的社会阶层，于是就造就了社会下层对社会上层的仰视、羡慕，从而产生了模仿行为。服饰流行的上传下模式，一方面，反映了社会上层人物为了显示自己的地位优越，不断在衣着服饰等方面追求花样翻新，领潮流之先；另一方面，也反映了社会下层的人们不甘于人后，至少希望优越于同一社会阶层其他人的心理。在中外服装史上，流行服饰都是从宫廷率先发起的，再被民间逐步效仿而形成一种流行现象。

17世纪的欧洲，男子流行戴假发，穿着用丝带和硬花边装饰的鞋子，据说这是根据法国路易十四国王的喜好发明的。路易十四国王戴上假发后，带动了人们对那种高耸的、尖尖的、粗卷的假发和华丽的鞋子的追捧，这股热潮一直持续到下一世纪。路易十四还喜欢把胡子剃光,这也成为当时欧洲男人所效仿的典范。被称为"高级时装之父"的查尔斯·沃斯成名于 19 世纪欧洲的时尚之都法国巴黎,而当时法国的政权属于拿破仑三世,他是当时法国权利和财富的最高拥有者。拿破仑三世付出了巨大的精力来发展资本主义经济,当时沃斯的设计符合了资本主义政治制度的意识形态和审美情趣,并且影响着社会普通阶层的审美。作为拿破仑三世的妻子欧仁妮皇后(Eugéniede Montijo),她拥有无法计数的珠宝与华服,也具备了制造流行兴趣的才智与能力(见图 1-1)。欧仁妮作为法国宫廷流行的引导者和发布者,主导了整个欧洲女装的风尚品位。她沉醉于当时一切奢靡华丽的事物之中,她充满热情与活力,她热衷于首饰和节庆事情。从 17 世纪开始,法国就一直占据着艺术和时尚的制高点,凡尔赛宫里的每一次舞会都像是一场时尚发布会。在舞会上哪位女士最吸引人,那么很快,她的装扮就将成为最新流行样式从巴黎流传到米兰、伦敦、柏林、马德里还有维也纳的宫廷,然后再迅速向民间渗透。沃斯作为欧仁妮皇后的服装设计师也因此成为当时时尚潮流的引流和缔造者(见图 1-2)。

图 1-1 欧仁妮皇后   图 1-2 19 世纪 60 年代沃斯的设计作品

　　流行从上往下传播的这一模式至今仍有一定的适用性,一些新的流行样式如果受到社会上层或者名流的推崇和使用,更易快速地在社会上推广并流行开来,甚至有些产品直接以名人的名字命名。例如,爱马仕(Hermes)曾经为摩洛哥王妃格蕾丝·凯莉(Grace Patricia Kelly)设计定制了一款容量较大、功能齐全的妈咪包,并将之命名为"凯莉包"。至今,"凯莉包"仍是爱马仕众多系列设计中的经典款,受到消费者的热捧。而使用名人代言或与名流合作,往往成为许多时尚产品商业推广的重要模式之一,"皇家""贵族"等字眼是产品广告中使用频率较高的词汇。一旦某种新款出现于社会上有影响的名人身上,敏感的生产经营者便不失时机地大量生产价格较低、能成为大多数消费者所接受的仿制品,配合宣传鼓动,推波助澜,从而在社会上形成一定的流行规模。服装的流行也都是由高档次品牌向中低档次品牌传播。流行最先表现在数量极少的高级时装中,后逐渐被仿制成一般时装或大批量成衣而普及开来。如图 1-3 所示为下传理论传播路径。

　　如今,手机、电脑等通信技术不断地进步,文字与图像能在眨眼间传遍全球。服装廊

图 1-3　下传理论传播路径

形或是剪裁可以同时在不同区域发生一些微妙的变化,所以,不同于 20 世纪,我们很难追溯某种风格的起源。技术的革新使传播时尚信息的渠道也越来越多,对大众生活的影响越来越强烈,例如同属大众传媒的时尚杂志和电视节目,发布或播放后,我们常常与朋友或同事讨论某个明星的穿着是时尚还是灾难。明星效应也由此变得更明显,他们可以将互不认识的人组织起来,变成一类消费群体。

1.4.2　上传理论

美国社会学家布伦伯格(Blumberg)在 20 世纪 60 年代提出流行自下而上的传播理论(Bubble-up Theory),即现代社会中许多流行是从年轻人、蓝领阶层等下位文化[①]层兴起的。由于成衣的出现,流行服装的成本大大降低,享受时髦不再是社会上层阶级的特权,流行开始真正地在社会各阶层、各年龄层的人群中普及。年轻人越来越占据流行的话语权,他们采用叛逆和反传统的服装款式来表达自己的意愿和对社会的态度,这些新的服饰由于强烈的特色和实用性而逐渐被社会的中层甚至上层所采纳,最终形成流行。这种流行最典型的实例是牛仔裤的流行。

今天,时尚已不再像 20 世纪那样,是人们追逐或是直接复制贵族和富人的着衣风格了。动态的流行信息变化更容易创造消费者的了解欲望和需求。女性的经济政治地位慢慢提高,青少年穿上了街头潮流服装(如 Hip-hop 风格),我们可以发现,引导时尚的关键力量已经开始改变了。1853 年,为处理积压的帆布,美国公民李维·施特劳斯(Levi Strauss)试着把帆布裁成低腰、直腿、臀围紧小的裤子,兜售给淘金工。由于帆布比棉布更耐磨,所以这种裤子大受当时"淘金热"里淘金工的欢迎。1935 年,美国《时尚》杂志的流行专栏就刊登过妇女穿着的工装裤。从此,牛仔裤不仅限于工装,还增加了休闲、娱乐的要素,一跃成为城里人外出逛街时休闲味十足的日常便服。20 世纪 50 年代,一代影帝

---

① 下位文化也称"亚文化",是指存在于某一个社会中、与该社会的支配文化既相关又有区别的文化体系。

詹姆斯·迪恩在《无端的反抗》中身穿牛仔裤在银幕登场.好莱坞明星、摇滚乐手在电影及表演中,也都喜欢穿着牛仔裤。如图 1-4 所示。

图 1-4　Levi's 广告画与荧幕上的展现

20 世纪 60 年代初,伦敦青年女装设计师玛丽·奎特(Mary Quant)[①]勇敢地剪短了裙子,使膝盖微露在外,首度推出迷你裙。迷你裙问世之后受到了一些社会舆论的指责,但是玛丽·奎特顶住舆论的压力,亲自穿起了自己设计的服装,公开展示在世人面前。由于这种裙子能充分体现女性的青春美和时代感,它一问世就很受女性的欢迎,特别是青年女性。1965 年,玛丽·奎特进一步把裙下摆提高到膝盖上四英寸[②],及大腿的迷你裙时代降临,露出大腿的、颜色鲜亮而又时髦大胆的裙子第一次出现在伦敦最嬉皮的街头。玛丽·奎特所掀起的迷你裙热潮风靡全球,也令伦敦成为时尚圣地。在整个 60 年代,迷你裙和喇叭裤、鲜花、长发一样,成为象征当代女性的标记。

80 年代是迷你裙流行的巅峰。迷你裙征服了所有职业女性,女人陶醉于自己的身体以及这种简洁款式的职业套装,利落大方的风格开始受到普遍的欢迎。20 世纪 60 年代西方经济高速发展,经济的高度发展使得人们更多地关注自己的权利,也为精神文明的发展提供了前提条件,同时也增强了文化的包容性,从而使人们能够接受反社会、反传统的思想和文化,所以各种新事物、新思潮开始出现。那个年代服装的主要特征是冲破传统的限制和禁忌,迷你裙也正是在这样的时代背景下应运而生的(见图 1-5)。

当时的青年女性追求自主独立,想突破传统观念的束缚,争取更多在社会中的权利。迷你裙是女人寻求独立和个性的方式,她们穿着迷你裙,因为她们已经厌倦了传统中不得

---

① 玛丽·奎特,英国时装设计师,被誉为"迷你裙之母"。她所设计的迷你裙系列开启并一直引领着现代时装潮流的发展。

② 英制长度单位,1 英寸等于 2.54 厘米。

图 1-5　玛丽·奎特及其设计作品

不表现出端庄文雅的行为模式,她们正试图通过一种服装形态样式让世界按照她们自己的方式来欣赏她们,渴望突破传统的束缚。此外,迷你裙的价值在于它的随意和轻松的特质,让生活中穿着迷你裙的女人成为快乐和自信的女人。

　　同时,迷你裙反映了年轻人的世界观和健康活力的生活状态。随着迷你裙的出现,越来越多的女星在公共场合以及报纸杂志的封面拍摄中穿着迷你裙。1949 年,玛丽莲·梦露(Marilyn Monroe)穿上了迷你裙,至此迷你裙暴风雨般席卷好莱坞,许多穿着迷你裙的女星如简·方达(Jane Fonda)、碧姬·芭铎(Brigitte Bardot)、邦女郎(James Bond)等成了一代人心中的偶像。青年女性认为,模仿明星穿着迷你裙可以表达自己反传统的思想,同时将女性主义由屈意顺从提高到个人主义、反叛与自由的层次。同时,青年女性的模仿从众思想让迷你裙成为时尚潮流,而青年人渴望追求时尚,所以越来越多的青年女性穿上迷你裙。迷你裙的流行传播符合由下至上的上传流行传播方式(见图 1-6)。

1.4.3　水平理论

　　水平传播理论(Horizontal-flow of Fashion)也叫大众选择理论(Mass Market Theory)。大众选择理论是美国社会学家赫伯特·布鲁默(Herbert Blumer)提出的学说。他认为现代流行是通过大众选择实现的。但赫伯特并不否认流行存在的权威性,认为这根源于自我的扩大和表露,指的是流行传播的路径源于社会的各个阶层,并可在社会的各个阶层中被吸引和采纳,最终形成各自的流行。随着工业化的进程和社会结构的改变,在现代社会中,发达的宣传媒介把有关流行的大量情报向社会的各个阶层传播,于是,流行的渗透实际上是所有社会阶层同时开始的,这就是水平传播理论。

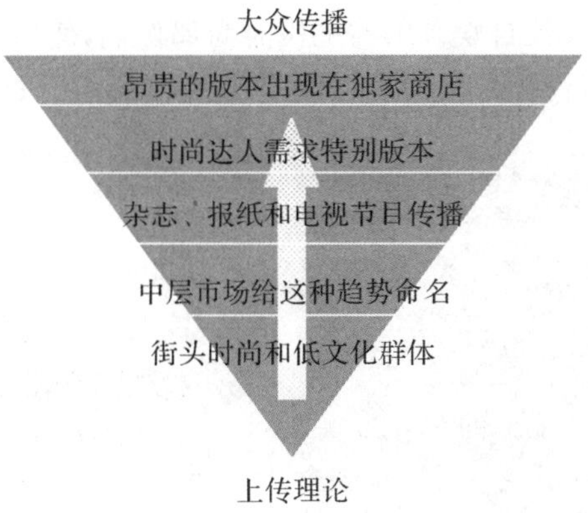

大众传播

昂贵的版本出现在独家商店

时尚达人需求特别版本

杂志、报纸和电视节目传播

中层市场给这种趋势命名

街头时尚和低文化群体

上传理论

图 1-6　上传理论传播路径

现代市场为流行创造了很好的条件,现代的社会结构同样适合让大众掌握流行的领导权,尽管仍存在着上层和下层阶级的区分,但由于人们生活水平的普遍提高,中层的比例显著增加,那种上下阶层的传动式的对立情绪已被淡化,阶层意识越来越淡薄,因此非常容易引起流行的渗透。

尽管设计师在设计新一季服装时并没有相互讨论,但他们的许多构想却常常表现出惊人的一致性。制造与选购的成衣制造商和商业买手们虽然互相陌生,但他们从数百种新发布的产品中选择的为数不多的几种样式却有惊人的一致性。从表面上看,掌握流行主导权的人是这些创造流行样式的设计师或是选择流行样式的制造商和买手,但实际上他们也都是某一类消费者或某一个消费层的代理人,只有消费者的普遍接受和认可,才能形成真正意义上的流行。这些买手和设计师非常了解自己所面对的消费者的兴趣变化,经常研究过去的流行样式和消费者的流行动向,在近乎相同的生活环境和心理感应下,形成某种共鸣。

市场的多样性,不同类别的人群,不同的经济、社会地位,都意味着越来越多的风格可以在同一时间被人们接受,以供不同的场合、不同的人员穿着。人们的着装越来越有创意性。碎片化的流行信息与世界不同文化的交流,使流行趋势越来越难以概念化或以笼统的方式预测。趋势分析人士会区分不同类别的人群,如妇女、青少年、儿童等。每个人的生活方式都能创造出属于他们特有的样式。人们根据自己的个性和生活方式,以不同的方式获取资讯,通过对流行信息的灵敏程度,大众被分为早期采用者,传播者和落伍者等,时尚的传播在大众的选择中产生。

网络的发展使我们身边出现了越来越多的"平民"时尚偶像。在这个信息全球化时代,人人共同享用时尚流行信息的同时,也可以通过各种网络平台——微博、BBS论坛来表达自己对时尚的见解。这时,一些对时尚流行有独到眼光和品位的人不再盲从服装设计师或流行专家的观点,而是按照自己的思想将服装拆开,再依照某一刻的突发奇想重新组合,逐渐演变成自己的风格。人们常能从他们的穿着上找到独特的魅力和灵感。这些出身平民的时尚偶像,因其出色的时尚品位和个人风格,不仅被大众所追捧,也会成为明星们模仿的对象,以及服装设计师时装发布会的宾上客,接受时尚杂志的专访,甚至出书、当模特、代言名牌、为零售商做设计等。本来仅仅自娱自乐的平民时尚偶像们,凭借他们对于时尚的敏锐触感和超凡品位,成为带动流行变化的领袖人物,水平理论传播路径如图1-7所示。

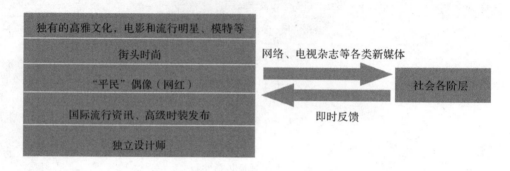

图 1-7　水平理论传播路径

1.5　服装流行传播的特点

1.5.1　周期性

服装流行周期是指一种流行式样的兴起、高潮和衰落的过程。服装流行产生以后,会经历萌芽期、发展期、盛行期,最后逐渐走向衰退。实际上,在每次诞生的许多服装样式中,并不是所有的样式都可以流行起来。

服装流行具有一定的规律,在市场中通常经历导入期、发展期、鼎盛期和衰退期四个阶段(见图1-8)。因为消费者对流行的接受程度因人而异,所以当某类时尚产品刚刚投入市场时,这类产品所占的市场比例很小,通常被视为前卫、昂贵或者另类的存在,只有极

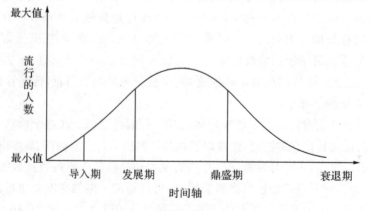

图 1-8　传统服装流行周期

小部分的消费者接受这种时尚前端的产品,这一时期被称为流行的导入期。随着时尚的传播,开始接受这类产品的消费者逐渐增加,市场中出现越来越多的同类商品,流行进入发展期。当成为大众流行时,市场中类似的产品随处可见,产品的流行发展到了鼎盛期。经过最流行的阶段后,这类产品进入衰退期,成为过季商品,而新一轮的流行正在形成。流行周期的长短因产品而异,受到诸多方面的影响,有些流行会持续很长一段时间,而有些流行则是迅速地出现又迅速地消失。

在流行的萌芽时期,一些对流行十分敏感的人群总会找到最独特的流行服装,如影视明星、时装模特以及新闻人物,根据他们自己的穿着方式去搭配和着装,从自身新颖的服装中得到乐趣和满足。这往往会引起众多赶时髦的年轻人的模仿消费,他们中多数人经济条件较好,追逐潮流,自信心强,喜欢购买和使用别人没有的商品,借以显示自己独特的个性与魅力。经过发展期,该流行逐渐为一般消费者所了解,大众慢慢开始接受并参与流行的着装,使得流行服装在一定的社会阶层和群体中被普遍的接受和穿着,服装企业也纷纷大量投入流行服装的生产和销售之中,服装流行到达盛期。随后,新式服装已开始失去新潮的意义,成为大众化商品,市场也趋于饱和。这个时期的购买者大多是信息反馈比较迟缓、传统性较强的消费者。经历这些之后,大多数人不会对这种服装样式再感到新颖,而将目光投入到新的流行样式之中,宣告着一种流行的衰退,另一流行的新建。

纵观服装的发展演变史,服装的流行并不盲目,伴随着时代进步、社会发展而产生,历史式样总是周而复始的出现,表现为服装样式与风格的周期性复兴(见图1-9)。以19世纪西方的服饰流行为例,服装流行被划分为新古典主义风格、浪漫主义风格、新洛可可风格、巴斯尔风格和S形风格时期,其女装的变迁几乎是按顺序周期性地重现过去曾出现的风格:古希腊风格—16世纪文艺复兴西班牙风格—18世纪洛可可风格—18世纪巴斯尔风格……流行以周期性回归的方式演绎着历史复兴。不过,这种复兴并不是历史样式的简单重复,而是附加了时代特征,并结合当下流行因素的全新产物,既复兴过去,又向前推进(见图1-10)。

每个时期的社会环境都具有典型的时代特征,它主要由政治形势、经济状况、科技水平和文化特征等方面因素构成,它直接影响服装流行的复兴风格以及服装流行生命周期的长短。除此以外,人类审美情趣的变迁也会对服装流行产生直接的影响。每一个时代

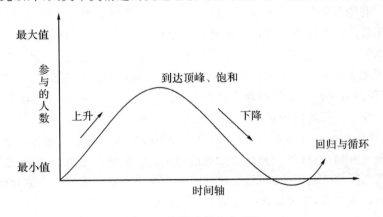

图1-9　服装流行生命周期

图 1-10　18 世纪的洛可可风格与 19 世纪的新洛可可风格服饰

对于时尚美的追求都有不同的标准,审美倾向的差异性直接导致了服装流行样式与风格的多样性。另外,人类的审美情趣具有时限性,一种审美倾向在经历了一段时间内大范围的流行之后,人们通常会产生审美疲劳。这种审美疲劳最终会导致审美情趣产生变迁,所以服装的流行样式总是在周而复始地循环,形成服装样式周期性的回归。

1.5.2　可预测性

服装流行无论是其形成原因、影响条件,还是其传播方式,都是有发展规律的。服装具有历史继承性,服装生命周期特征使得流行的发展总是渐进的、有脉络可寻的。服装流行是在人们生理需要得到满足后的进一步延伸和提高。当今社会,人们越来越追求个性化,但是,服装流行并非盲目,而是有规律的。服装流行大致经过发生、上升、加速、普及、衰退和淘汰六个阶段,然后被新的流行倾向所取代。这个规律又要受到社会发展规律的支配和制约。有的服装色彩会在衰落之后二三十年又重新成为流行色,但这种循环绝非对某个时期服装的简单重复。因而服装流行具有相当程度上的可预测性。

从服装廓形上看,女装的肩部、腰部以及裙摆的变化呈现出鲜明的规律性,如 20 世纪 80 年代流行优雅的长裙,90 年代初被俏皮可爱的超短裙所代替,而在 90 年代末又以“波西米亚”民族风的名义回归到长裙款式,“长久必短,宽久必窄”就是对此现象生动形象的说明。有些时装在短时期内便可以迅速到达流行的盛期;还有一些则与之相反。有些服装的款式、颜色似乎永远都不会过时,而有些却很快被人们遗忘。通过对服装流行历史演变的仔细研究,很容易可以找到其变化的规律。服装流行不是闭门造车,也不是一个人或一个机构苦思冥想就能得来的,服装设计师和企业需要掌握流行变化的规律,分析并结合影响服装流行的因素,才可以预测服装流行的方向。

1.5.3 循环特性

流行服装除了具有一般产品的生命周期,即从投入市场开始,经历引入、成长、成熟到衰退的过程,还会具有循环反复出现的特征。根据日本 *Fashion Color* 服装杂志完整系列介绍的 1995 至 2005 年服装流行轮廓线趋势可以发现,部分轮廓线呈现循环特性(见表 1-1)。

表 1-1   1995—2005 年 *Fashion Color* 服装流行轮廓线

年份	1995	1996	1997	1998	1999	2000	2001	2002	2003	2004	2005
A											
B											

1995 至 2005 年十年间"直筒轮廓线"与"梯形轮廓线"较常被使用,"合身轮廓线""上合身下直筒轮廓线""上合身下展开轮廓线"次之。如表 1-1 所示,1995 年、1996 年以合身的轮廓线为主,1997 年逐渐倾向下部宽松轮廓线,1998 年起以梯形、直筒为主要流行轮廓线,至 2005 年呈现有腰身的"上合身下展开轮廓线"。1995 至 2005 十年间呈现由"合身轮廓线""上合身下展开轮廓线"转为"梯形轮廓线"再转成"直筒轮廓线"后,将又回到"梯形轮廓线",然后再次回到"上合身下展开轮廓线"与"合身轮廓线",十年间的轮廓线之流行趋势以圆形方向呈现规律性(见图 1-11)。

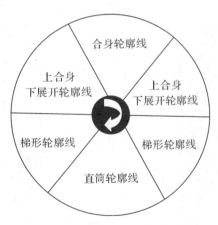

图 1-11   主要轮廓线之圆形规律

回顾服装的发展历史,我们很容易便可以发现当今流行的服装与以往某个时期的服装似曾相识。著名的服装专家詹姆斯·拉弗(James Laver)[①]对服装流行的循环性和时效性曾做出生动的描述:"一个人如果穿上离正在时兴还有五年的时装,会被人认为是不道德的;在时兴的三年前穿,会被认为是招摇过市;提前一年穿,会被认为是大胆的行为;在时兴的当年穿,则显得完美无缺;而一年以后穿就显得土里土气;五年后再穿就显得非常可怕;十年以后再穿可能会招来人们的耻笑;可是过了 30 年以后再穿这些服装,人们又会认为很新颖并有创新精神;50 年以后显得独出心裁;70 年后穿则会令人愉快;100 年后将会具有浪漫色彩,150 年后又会被人们认为是完美无缺的。"这种说法虽然夸张,但确实非常形象地表达出了服装流行的这一循环特点。这种循环是在一种流行逐渐衰退之后,经过一段时间又渐渐出现,重复以前大体相似的式样,而这种循环不是单纯的重复,是在原有特征的基础上不断深化与加强的螺旋式上升与发展。服装的流行经过循环变化之后,必然会在各方面超越以往的流行,达到一种质的飞跃。

1.5.4　两极化发展趋势

服装两极化流行是指截然相反的流行会交替性出现,例如当裙长发展到极短时会开始流行过膝长裙,当服装色彩流行到极其艳丽时又再变灰,而后又发展到艳丽的色彩。两种看似极端风格的流行并非彼此隔绝,而是相互联系,呈现如钟摆晃动般交替性出现的流行现象。第二次世界大战后的女装裙长的变化具有明显的两极化发展趋势。20 世纪 40年代末到 50 年代,以优雅著称的迪奥"新风貌"女装风靡,长及脚踝的漏斗型裙装成为女人们的最爱(见图 1-12);60 年代的"年轻风潮"迅速改变了人们的审美,青春活力的超短迷你裙流行(见图 1-13);不过到了 70 年代,受到女权运动和中性风格的影响,知性成为女装的重点,俏皮的超短裙被中长裙所取代(见图 1-14);然而在享乐主义盛行的 80 年代,人们的着装越来越大胆,裸露的肌肤也越来越多,活力的短裙再度流行(见图 1-15)。

图 1-12　20 世纪 50 年代流行裙长

图 1-13　20 世纪 60 年代流行裙长

---

① 　詹姆斯·拉弗,是著名的英国诗人,时尚服饰史学家,艺术史家和预言家,代表作有长诗《大宇宙》。

图 1-14　20 世纪 70 年代流行裙长

图 1-15　20 世纪 80 年代流行裙长

1.6　本章小结

本章围绕服装流行传播理论,首先对服装的流行进行分析和定义,总结时代语境中的流行。然后概括了传播的基本理论以及传播过程中的要素和特点,归纳了服装流行传播理论的类型。最后总结出服装流行传播具有周期性、可预测性、循环性以及两极化发展的特点。

2

Zeitgeist of the era

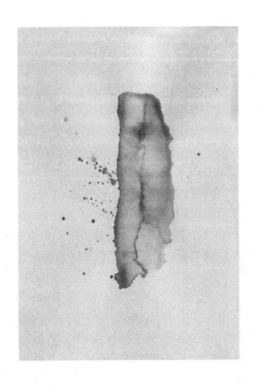

时代精神

本 章 概 要

时代精神与服装流行传播 / 基于时代精神的服装流行演变

与服装流行传播的关联 / 影响服装流行传播的因素

2.1 时代精神与服装流行传播

2.1.1 时代精神概述

时代精神最早作为一个历史哲学范畴被研究。所谓时代精神,就是一个时代的人们在其创造性的实践中形成的、那个时代特有的集体意识;它反映那个时代的主题、本质特征和发展趋势;体现着一个时代的精神气质、精神风貌和社会时尚,引领着人们的思想观念、价值取向、道德规范和行为方式。

2.1.2 基于时代精神的服装流行演变

服装流行是一种特定的社会现象,是指在一定的历史期间,一定数量范围的人受某种意识的驱使,以模仿为媒介而普遍采用某种生活行动、生活方式或观念意识所形成的社会现象。服装流行反映了一定的文化结构和具有一定审美倾向人群的消费意愿与消费行为需求,它具有十分明显的时代人文特征。

不同时代的流行具有不同的含义,它的形成具有深厚的社会、文化、经济、政治、环境科技等基础,是社会主流意识思潮的外在表现形式之一。服装的流行是对一段时期内人们生活方式、兴趣爱好、价值观念与综合分析的积极引导。时代造就风格,每个时代背后总会孕育某个精神领袖或者时尚先锋来引领这个时代的潮流风尚。例如,谈及维多利亚风格时,自然不能不先谈论那个至今还让无数英国人追思的时代和敬仰的维多利亚女王。维多利亚女王统治期间(1837—1901),英国的政治经济文化发展达到了巅峰。由于工业革命和海外扩张,来自殖民地的原材料和贵重金属源源不断地被新发明的蒸汽船运送到英国本土,通过机器加工之后再返回殖民地。低廉的原材料,高效率的机械化生产,广阔的海外市场,让英国积累起了惊人的巨额财富。富有的贵族和中产阶级越来越有钱,曾经的穷人也开始变得富有,有钱之后,英国人开始不约而同地想要提高自己的生活质量,于是大量的资金被投入到各种科学研究之中。也正是此时,英国人对于女性客体化的审美也达到了巅峰。由维多利亚女王引领的维多利亚女性的经典形象成为那个时代流行的风向标。

2.1.3　与服装流行传播的关联

服装流行与人类文明的发展如影随形，是人类精神文明的浓缩。时代造就了服装文化，同时服装文化也会反映出一个时代的政治、经济和思想意识。当人们去模仿和追逐一种时尚潮流时，对这种时尚的认识不应只停留在形式的感性认识阶段，而是应该更加理性地去感知这种时尚所赋予服装的深层内涵。服装的流行是一种随着环境与背景条件的变迁而产生的社会现象，具有很强的时代因素，是人们审美观念与社会经济水平的具体反映。

社会学家一致认为，服装展现了社会的一个横截面，是反映社会的镜子，作为人类文明的产物，服装流行的变迁也是人类文明的发展历史，是代表经济水平和人类文明程度的重要标志。服装流行作为一种复杂的社会现象，体现了整个时代的精神风貌，同样也会受到社会、政治、经济、文化、地域等多方面因素的影响。

2.2　影响服装流行传播的因素

2.2.1　政治因素

国家或社会的政治状况及政治制度在一定程度上对服装的流行也有影响。社会动荡和政治变革常常会引起服装的变化。战争是政治的特殊表现形式，对服装流行也有明显影响。一般来说，发达的经济和开放的政治环境使人们着意于服饰的精美华丽与多样化风格。任何一种流行现象都是在一定的社会文化背景下产生、发展的。服装的流行也必然受到该社会的道德规范及文化观念的影响和制约。

第一次世界大战导致很多欧洲国家破产或者濒临破产，壮年男子都被征召入伍，女人被迫走出家门，走上社会外出工作挣钱养家，同时也开始重视自己在社会上的位置，在此之前女人只是男人的"附属品"。在一定程度上，这场战争让女性的地位有了一定的提高，同时也加快了女装的现代化进程，女性的服装款式也受到了很大的影响。首先，第一次世界大战把原本稳定的欧洲高级时装市场搞得严重萎缩、风雨飘摇，不管多么珍贵稀有的羽毛宝石，在战争期间也没有食物来得重要，同时富人们也没有心思去炫耀自身的财富，同样也把奢华全部抛到了脑后。女性们之前所追求的奢华风格一去不复返（见图 2-1）。其次，由于战争的原因军装元素在女性服装上开始流行起来（见图 2-2），女人渴望战争的胜利，渴望亲人的平安归来，同时也激发了大多数人们对英雄的崇拜心理，于是军装就成为一种复杂的感情寄托。面料上开始流行斜纹卡其布和灯芯绒，款式变得更加合体，袖口的一些细节也开始变化为战服款式，在战争期间被引入时装而流行。设计师也想通过服装去表现女人的心理需求——盲目崇拜国家的战争英雄和思念亲人的情感。

图 2-1 褪去华服的女性形象　　　　图 2-2 第一次世界大战中穿着军装风格服装的女性

第二次世界大战以来,大量的廉价复制品使得原来高不可攀的服装风格成为大多数人的时尚,即使一个普通的女工也可以穿着印有香奈尔(Chanel)标志的仿冒品,使得上层社会发现他们高尚奢侈的生活不再时髦,但是服装原来作为等级标志的性质并没有消失。

同样,纵观国内服装业,也不难看出政治对服装流行的作用与影响。在我国,新中国成立初期风行的是列宁装、中山装。"文化大革命"期间,受极"左"路线的指引,这个时期最为流行的服装是绿军装,无论男女老幼都以拥有它为荣。

2.2.2　经济因素

服装流行是社会经济水平与人类文明程度的重要表现,经济水平的提升是生产力发展的必然产物,是上层建筑的基础条件,也是影响服装流行的客观条件。首先,新的服装样式在社会上流行,需要社会具有大量提供该服装样式的物质能力。工业化的生产方式使服装由原始的手工缝制转向机械化大生产,人类进而得到机器生产的服装产品。纺织科技的进步与化学纤维的发明、运用,丰富了服装产品的多样性,不断满足着人们对服装多样化的需求。随着社会经济的不断发展,现代纺织面料、服装结构与生产工艺技术在不断革新与进步,服装流行的进程也越来越快。经济的迅速发展刺激了人们的消费欲望与购买能力,推动服装流行的表现活力。其次,人们具备相应的购买能力与闲暇时间是新样式服装流行的必要前提。服装的受众终归是人,个人经济水平的增长使购买能力不断增强,服装的需求市场日益扩大,促使服装流行的推陈出新、丰富多样。

社会经济环境直接影响着服装的流行和消费倾向。服装的流行很大程度上取决于消费者的收入情况,收入条件好的消费者在选择服装时大多会选择品牌和质量好的服装,这类服装在价格上普遍都比较高。收入会直接影响消费者的消费倾向。商业行为的结果是现代服装流行的一个主要的特点。服装作为一种物质形态,它的存在跟社会经济的发展有着密切的联系,社会经济的高速发展可以保证消费者对于物质方面的消费需求。在现代社会商品化的发展过程中,高效率的发展不仅带来社会物质的发展,还会形成多变化的消费行为,产生不断发展的服装流行现象(见表 2-1)。

表 2-1 20 世纪初至当代的经济发展阶段

所处时期	时间	经济形势
复苏时期	1982—1990 年	经济持续调整
高涨时期	1919—1924 年	第二次工业革命的推动
	1950—1960 年	第二次世界大战后经济迅速繁荣时期
	1990—2000 年	新经济时代
衰退时期	1914—1918 年	第一次世界大战带来经济损失
	1939—1945 年	第二次世界大战带来严重经济损失
	2000—2003 年	1998 年东南亚经济危机的后续影响
萧条时期	1929—1933 年	资本主义基本矛盾扩大
	1979—1982 年	经济滞涨
	2007—2010 年	美国次贷危机

第一次世界大战极大地影响了世界经济,战争带来的巨大创伤使战后各国经济处于低谷。战胜国通货紧缩,国民生活极为艰难,失业率增加;战败国通货膨胀,国民生活也极为艰难。虽然饱受重创,但从战火中幸存下来的人们充满了和平的欢乐,过着纸醉金迷的颓废生活。战争使男女比例严重失调,越来越多的女性作为劳动力补给到社会各个部门。为方便日常外出劳作和脱离封建束缚,女性的裙长已有所缩短,相较于战时(1914—1918),裙长已经由普遍及踝的长度缩短至或及踝,或及腿肚,或在膝盖以下等多种长度。在第二次工业革命的推动下,世界经济有了短暂回升的趋势,并在第二次世界大战之前上升到一个小的高潮。此时裙长又有缩短的趋势。1929 年,美国经济危机爆发,经济大萧条时期开始。由于经济危机的爆发,众多曾经走入社会的女性再一次被赶回家中。此时裙子变长了,腰线回到了自然的位置,出现了细长的外形(见图 2-3)。

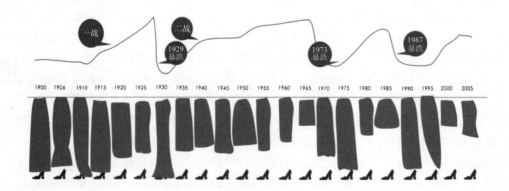

图 2-3 经济发展与裙长变化

21 世纪经济发展与变化对服装流行影响巨大,2007 至 2010 年的次贷危机使金融行业惨遭重创,时尚界的服装大牌也受到极大影响与挑战。在低迷的全球经济环境下,设计师们纷纷将设计灵感转向过去,将 40 年代与 80 年代曾经的经典款式设计成为既实用又新颖的款式。这一时期的女西装廓形变得坚强而自信,上装的设计点明显增多,宽大的垫肩、上扬的袖山、纤细的腰型、整体造型突出,可以看出设计师们面对困难时的乐观与希望。随着女性社会地位、经济地位的改变与提升,女性服饰的流行周期缩短,造型也丰富多变。

2.2.3 社会因素

社会上某些事件,也可以成为服装流行的契机,往往被流行的创造者作为流行的灵感来源,特别是国际上的突发事件,一般都有较强的吸引力,能够引起人们的关注。设计师如果能准确地把握和利用突发事件,将其作为服装设计的基本思路,则很容易引起共鸣,从而产生流行的效应。

1976 年的石油问题,使阿拉伯各国成为世界的新贵,服装流行的款式充满了许多中东风格。2002 年夏季,尖头皮鞋正处流行时,细心的时尚人士已从香奈尔、思琳(Celine)、菲拉格慕(Ferragamo)等品牌的皮鞋中发现尖尖的鞋头已趋于柔和,不再是细尖型的,而是带点圆头式弧线形的曲线,据说巴黎设计师想借此带给人们和平与快乐,以消除"9·11"事件留在人们内心的恐慌与紧张。伊拉克战争的爆发,让世人厌恶战争而渴望和平,同时为了减轻工作的压力,各类品牌商大量推出商务休闲西装、运动型休闲装等款式,均成为当时的流行亮点。

2.2.4 科技因素

服装的流行反映了在特定的历史时期,在一定的地域,人们对服装的款式、面料、色彩及着装方式的崇尚和追求,并使这种局部的着装方式通过竞相模仿和传播而形成一种逐渐扩大的社会风潮,体现着这一历史时期内服装的产生、发展和衰亡的过程。每一个时期,流行都会产生变化,这就造成了服装流行的变迁,而影响服装流行变迁的因素也是多种多样的,每一个时期的社会背景、经济状况、文化都会对流行产生影响,科技的发展对服装流行的变迁的影响和其他所有的影响因素同样重要。

当代,一般来讲指的是第二次世界大战以第三次世界科技革命为标志以后的时期延续至今。第三次科技革命涉及非常广泛的领域,包括生物技术、信息技术、新材料技术、新能源技术、空间技术和海洋技术等,是一场信息技术革命。第三次科技革命和前两次科技革命一样,在世界人民的生活中发挥了巨大的作用,在服装行业中也是如此。

科技的发展使服装行业中出现了机械化生产,大大提高了服装的产量与质量,推动了成衣业的发展。在服装机械化生产的产生和发展中,缝纫机的发明与发展在服装制造史上具有划时代的意义。缝纫机在 20 世纪 40 年代之后发展迅猛,除了工业缝纫机之外,许多心灵手巧的女性都渴望在家就能轻松缝制衣服,于是家用缝纫机便呈现在大众面前,并在 1950 年以后发展成多功能家用缝纫机。家用缝纫机的普及与推广,使得一些简单易做的服装大受欢迎。之前的服装较为复杂,只能通过购买来得到,而家用缝纫机的出现,使制作一件服装变得简单易行,使得人们不必通过购买来获得新服装。在女装出现简单化倾向之后,家用缝纫机与女装的流行趋势结合,为大众谋取福利,同时也促进了流行的传播。

服装新材料的出现为服装批量生产提供了新的物质基础。服装的大批量生产使服装产量明显提高,伴随而来的是服装材料需求的大幅增长,而在20世纪四五十年代,人造纤维和合成纤维研制成功,种类越来越多,功能也越来越齐全,在天然面料之外,制衣的材料又多了很多选择。合成纤维可以依靠其他可再生能源进行人工合成,因此在作为成衣化生产的材料时可以摆脱天然纤维靠自然环境获取的制约,加之在价格上更为廉价,因此为批量生产提供了材料的支持。

1935年,杜邦公司一位名叫华莱士·卡罗瑟斯(Wallace Hume Carothers)的工程师发现,焦油、空气与水的混合物在高温下融化后,即可拉出坚硬、耐磨、纤细并灵活的尼龙细丝。尼龙细丝熔点低,冷却后不容易撕扯断,这就是广为人知的尼龙纤维。研究人员对尼龙的特性进行了改良,1938年尼龙合成纤维正式诞生。1939年10月24日,杜邦公司在总部所在地销售尼龙丝长袜时引起轰动,民众将尼龙丝长袜视为珍奇之物争相抢购。1940年5月15日,第一批量产尼龙丝袜上市,7.8万双丝袜在一天内被抢购一空。高筒尼龙丝袜在美国创造了历史最高销售纪录。当时的售价为1.5美元一双,约相当于现在的20美元(见图2-4)。

裙长上升到膝盖以上,不能不说是受到尼龙丝袜的影响,因为每个女性都希望自己美丽性感,尼龙丝袜帮助女性展示自身的性感,而裙长过长则会影响这种美丽的表达。不得不说,尼龙丝袜对于第二次世界大战之后裙子缩短的趋势起到了不可忽视的作用。而随着尼龙丝袜种类越来越多样,裙子也越来越短,终于短到不能再短的迷你裙出现。此时,迷你裙与丝袜、靴子的搭配,还有便于活动的鞋跟较低的低跟鞋和斜着系挂在髋骨上的宽皮带等服饰品,成为当时时尚人士的标志,成为服装史上新的搭配方式,为人们展示了服装的新比例(见图2-5)。

图2-4 尼龙袜的销售广告

图2-5 当街穿上刚抢购到的丝袜

新的材料的出现,使设计师们开始将设计重点与方向越来越多地放在面料创新上,可以说,没有面料的创新就没有服装的发展与设计的创新。设计大师们也注重运用新材料进行设计。博柏利(Burberry)在 19 世纪末期研制出防水透气的 Gabardine 面料,用于皇家海军军官服,在 GORE-TEX 等膜功能面料诞生之前,这是世界上最好的风衣面料,直到今天其在质感和防护性方面的平衡加之不断改进的纺织工艺,使其依然处于领先地位。博柏利的风衣也因其面料的不断创新与其自身的实用性与美观性而成为永恒的时尚(见图 2-6)。

2015 年,在伦敦时装周上亮相的作为开场款式散发出超凡光芒的照明装(见图 2-7),由英国设计师 Richard Nicoll 设计,服装使用了 LumiGram 公司的光学纤维面料——纤维光学金银丝,这种新型材质具有特殊光学效果和功能。Nicoll 很好地处理了这种织物具有的流动性特征,也使服装更加灵活。

图 2-6 博柏利风衣　　　　　　　　图 2-7 照明装

服装的工艺表现手法有很多,印花、压绉、绣花、扎染、植绒、喷胶等,根据不同的面料,采用不同的工艺手法,形成迥然不同的服装风格。服装的创新手法也不外乎根据这些传统的工艺手法加以改变,创造出更加鲜明、生动的服装形式。新材料、新技术的推出,将会给服装行业带来不一样的改变。3D 打印本身就是一种与众不同的设计方式,因此将会给设计师带来突破性的无缝成衣,以及一些传统手工艺无法完成的服装形式。

艾里斯·范·荷本(Iris van Herpen)于 1984 年出生于荷兰 Wamel。艾里斯·范·荷本是一位年轻且才华横溢的女性设计师,毕业于荷兰艺术学院(ARTEZ)时装设计专业,尤其擅长根据服装本身的材质来做设计,并辅以夸张的造型。艾里斯·范·荷本时装的设计特色在于勇于拥抱高科技,利用最新的摄影和印刻技术,不断挑战时装设计的极限。在 2011 年 7 月巴黎高定时装周期间推出的艾里斯·范·荷本"飞腾"(Capriole)系列,将传统缝纫手工艺与快速原型设计相结合,形成了令人震撼的视觉效果(见图 2-8)。

她将塑料材料切成条状,用机械加工中的"3D 激光烧结"工艺形成三维立体效果,再加以人工缝纫,成就了令人惊叹的奇幻王国女装系列。设计师将传统的古老手工艺与最新的高科技技术、材料相结合,创造性地实现了两个世界的完美融合。艾里斯·范·荷本强迫时装在表达美与复兴之间的矛盾到达极致,她用她那独特的方式重塑现实、表达与强化人的个性。

2013 年 7 月 11 日,全球 3D 打印领域的领先企业、快速原型与快速制造的引领者——Stratasys 公司宣布为巴黎时装周带来 12 双由 3D 打印机制作的时装鞋,亮相著名荷兰设计师艾里斯·范·荷本的"狂野之心"(Wilderness Embodied)系列展。此次,艾里斯·范·荷本与 Rem D. Koolhaas 合作,通过 Stratasys 的 3D 打印机,制造出结构复杂、充满几何冲击力的裸靴,充分展现以自然元素为核心的理念,创造震撼的视觉效果,突破时尚设计极限。艾里斯·范·荷本与 Rem D. Koolhaas 携手,以树根为灵感,用错综复杂、盘绕双脚的格子框架,象征树根的自然生长过程。这双鞋采用质感坚硬且不透明的黑白材料,在基于 PolyJet 的 Objet Connex 和 Objet Eden 3D 多材料打印机上进行制造,这两台打印机的高分辨率使复杂的几何形状与设计融为一体(见图 2-9)。

图 2-8 "飞腾"系列作品   图 2-9 艾里斯·范·荷本与 Rem D. Koolhaas 合作系列

2015 年,秋冬高定秀上,香奈儿(Chanel)设计师"老佛爷"所展示的经典粗花呢套装就是与 3D 打印的核心技术相结合的。其在手工定制上利用 SLS 技术将激光投射到 3D 立体模型上,将粉末状材料黏合成坚固结构,再由计算机控制打印出一个"纱网",给人一种三维立体的视觉效果(见图 2-10)。

图 2-10 香奈尔高定秀展示 3D 打印服装

2.2.5 地理因素

文化创造离不开具体的生活环境。地理环境为民族服饰文化的产生提供了物质土壤。不同的地域、民族和国家,其民族、民俗服饰不一样,即使在同一地域、民族和国家,每个时代的服饰又各不相同。可以说,服饰的变化千姿百态,无穷无尽。从广义上来说,自然地理环境是人类生存和物质生活不可缺少的条件。人类的出现,就和自然发生密切联系并相互作用。人类服饰的演化与传播和自然地理环境有着十分密切的关系,传统服饰受其影响尤为明显。

身处极寒地区的因纽特人,因需要具有抵抗寒冷功能的服饰,所以在流行方面呈现出明显的滞后。他们利用皮毛制成了迄今为止最好的寒冷气候服饰——紧身上衣用软皮毛缝制,绒毛向里,为身体散发的热量提供聚集空间;裤子用北极熊或驯鹿皮缝制而成,其长度正好松松地塞进长靴顶部。外面还有一件外套,穿着的人还可以把手伸进去取暖。热带酷暑地区,主要是在低纬度的非洲、南美的亚马孙河流域,由于气温高、湿度大,有些地方特别湿热,因而衣服为容易散热的开放宽敞型。这些地方的原始部落,至今仍保持裸体的习惯。炎热多雨的气候,使袜子、帽子、手套、围巾等保暖服饰变得毫无意义。沙漠干燥地区,主要是在热带沙漠气候典型的西亚、北非的阿拉伯国家,其服饰定型为宽敞一体型,具有抵御干燥、避热、伸展等复杂性功能。一袭白色装束包裹全身,抵御了强烈阳光的暴晒,过肩的头巾也起到避光遮热的作用;而长达脚面的筒式长袍,克服了束腰衣服体热难以散发的弊端,尤其在行走时身体的摆动导致筒式长袍内空气的漩涡流动,加速了体热散发的速度。多雨性湿润地区,主要是在欧洲英伦三岛,那里四面环海,典型的温带海洋性气候使之多雨,所以英国人出门常手持雨伞,雨伞在英国属于服饰的一部分,在外国人看来则是英国的一个象征。英国绅士服装中代表身份的手杖,也是由经常使用雨伞演变而来的(见图 2-11)。

图 2-11　服装与雨伞搭配的英国女王时尚形象

当代人们生活质量不断提升,空调、汽车等保暖设施和交通设施可将严寒拒于人们的生活之外,于是出现了上暖下凉或下暖上凉的着装现象,给人一派暖冬无寒意的印象。总之,不同的自然地理环境形成了不同的穿衣风俗,引发了各种各样的审美观念和审美习惯,加之人文地理环境影响的日益加深,使得服装的流行呈现出千姿百态。

2.2.6　文化思潮

服饰是深深根植于特定时代文化模式中的社会活动的一种表现形式。在服饰活动中,一方面服饰在视觉上造成了极大的冲击,且与日常生活密切相关;另一方面它更可以用来解释各种基本社会历程。

在西方社会,第二次世界大战之后人口出生率急剧增长,使得 20 世纪 60 年代青少年人数比例增长,在受损失较小的美国,有一半的人口在 25 岁以下,整个社会将目光的焦点几乎全部放在年轻人身上。法国著名成衣设计师廖格勒(T. Mugler)对 60 年代的见解为:"那是一个鼓乐喧天、挥洒精力的时代,十多岁的青少年手里掌握着权柄,全世界都得听他们的指挥。"50 年代以来,受 POP 艺术等的影响,一批拥有新观念、新思想的青年艺术家提出了"艺术走向街头"(Art go to the Street)的口号和"大众艺术"的观念。当服装的流行走向泛化为一种社会现象,服装年轻化成为一种必然之后,年轻一代的着装风格成为时髦的新典范,并希望以此来消除服装作为社会等线标志的原有意义。这样,一种由下而上的流行传播模式形成了,街头服装成为时尚潮流中的重要组成部分。

60 年代嬉皮士运动形成规模,嬉皮士文化蔚成风气,他们以一种颓废的穿着风格表现内心的放荡不羁。排斥"二战"后的消费主义,热衷于东方文化,并追崇大自然(见图 2-12)。60 年代嬉皮士偏爱旧皮毛大衣、纱裙、军大衣,对于纯粹的、自然的布料怀有兴趣,排斥人工合成布料。在这种思潮下,设计师们不再只是为贵妇人服务,而是将重点转向了年轻人,设计着眼于大众消费者。而代表这种流行方向转变的典型就是牛仔裤,第二次世界大战前牛仔裤是下层民众的裤装,但在詹姆斯·迪恩和马龙·白兰度将其作为荧幕服装之后便风靡世界,也因其牢固耐用且价格低廉而深受年轻人喜爱,直至今日(见图 2-13)。据 1957 年 Levis 公司的统计,当年全美销量牛仔裤 1.5 亿条,几乎每人一条,从 1965 到 1975 年,年轻人穿的裤子当中牛仔裤所占的比例比其他所有裤子的总和还高。

图 2-12　典型嬉皮士造型

图 2-13　20 世纪 60 年代穿着牛仔裤的"嬉皮士"

此时,许多传统的制度、价值观都发生了极大改变,由此人们向传统和主流文化发起了挑战,重点强调个性和自我价值的实现,人们的审美观、艺术品位随之有了巨大的变化,第二次世界大战后成长起来的年轻人成为这场运动的中流砥柱。特伦斯·科兰指出:"当人们不再满足于基本要求品,希望在消费品上做出改变的时候,60 年代中期出现了一场奇怪的运动——设计师在创作消费品而不是需求品。"随着这种反抗运动的深入发展,人们越来越质疑严谨、单调、功能第一的现代主义设计,以波普为代表的前卫艺术流派开始风靡世界。

波普是 60 年代盛行于世界各地的前卫艺术流派,涉及绘画、雕塑、音乐、舞蹈、家具、装置艺术、服装设计等多个设计领域。波普在服装上多通过几何形的运用、图案、大胆夸张的色彩以及各种特殊的材料来制造极具个性的形式。受波普艺术的影响,曾经遭嫌弃和鄙视的材料瞬间成为设计师的新宠,塑料以及人造皮革也逐渐登上时尚界。波普艺术中的几何形包括条纹、波点等的灵感来源于街头,代表作是蒙德里安裙,融合了荷兰画家彼埃·蒙德里安(Piet C. Mondrian)的作品《红黄蓝构图》的设计灵感(见图 2-14)。拼贴是波普作品创作的重要表现手段,而这种方法具有很大的随意性。艺术家们将周围日常生活用品用拼接的手法联合在一起,创造出独特新颖的艺术形式。这种拼贴方式使服装有了自己的个性和风格,也打破了传统的服装的艺术性。设计师还在材料方面对服饰进行了创作修改,他们将纸、塑料、人造皮等不同材质的面料也进行了拼贴,并利用了丝网印花技术进行创作,对当时及后世的服装设计都有了深远的影响。

实际上,波普艺术的拼贴的创作技法在很大程度上是源于立体派、构成派、达达派等艺术流派。达达派的最大特征也是拼贴,表现形式非常自由,尤其是以杜尚为代表的达达主义者们对现实通俗物品的艺术处理,对于波普运动有相当大的启发作用。波普艺术作为世界设计史上的一种特殊风格,代表着一种艺术思潮,代表着一代青年人的文化思想,一种轻松的生活方式,直至今时今日,仍旧保持着鲜活的魅力和永恒持久的生命力(见图2-15)。

图 2-14　蒙德里安裙　　　　　　　图 2-15　现代波普艺术在服装上的运用

现代科技的迅猛发展,改变了人们的生活模式和价值观念,促进了人类社会的发展进步,但过量的工业化同时也加速了资源与能源的消耗,并对地球的生态环境产生了巨大的破坏,温室效应、生物物种的相继灭绝、气候的恶变、水土的污染,正无情地销蚀着人类赖以生存的地球家园。在 20 世纪末,人类才意识到"毁灭人类赖以生存的环境就是毁灭自己"。环境保护开始受到各国政府的日益重视,保护环境、回归自然、崇尚简洁的意识成为人们的共识。同时,绿色设计是着重考虑产品的环境属性的一种设计,这种设计旨在低碳环保目标要求下,同时保护产品的应用功能和质量。由此,绿色环保思潮也极大地影响了服装行业,服装设计中的绿色设计(Green Design)通常也称为生态设计(Ecological Design),是指在整个生产周期内,着重考虑产品环境属性的一种设计。这种设计是在满足环境目标的基础上,保证产品应有的功能、使用寿命和质量。这里的生产周期已经不再是简单的"从摇篮到坟墓"(Cradle-to-Grave),而是扩展成了"从摇篮到再生"(Cradle-to-Regeneration),即除了产品的寿命外,还包括了产品的回收、再用和处理。在理解绿色设计概念的时候,必须意识到完全的"绿色"是不存在的,只是通过绿色设计将服装的"非绿色"程度降低一点。服装是物质与精神的复合载体,它与一般的工业产品有着很大的不同。这种产品的特殊性要求服装绿色设计有其自身的特殊性,即在强调产品的环保属性以外,还要求服装设计的每一个决策都要充分考虑环境因素,以尽量减少对环境的破坏。

在服装设计领域中,绿色设计主要体现为以下三种主要风格:

1. 环保主义

环保主义这种设计风格主要体现在素材的应用上,它追求的是如何将被淘汰的废弃物、旧物回收再利用,同时开发和运用新型环保面料,保护大自然。环保主义主要有以下几种表现形式:第一,利用废弃物、旧物作为主要素材进行设计创作,也就是对旧货市场上过时面料或者衣柜里的旧衣物进行再设计。目前,在我国香港、台湾等地区都已出现二手牛仔店,给时尚带来一种另类之美。第二,利用新型环保面料作为主要素材,如 Tencel 纤维、彩色棉、生态羊毛、再生玻璃、玉米纤维、椰子纤维、黄麻纤维及菠萝纤维等多种植物纤维,都被应用于服装生产当中,甚至连蒲公英也被用来取代羽绒服作为填充材料。利用仿毛皮制品取代真毛皮作为服装设计的材料,以达到保护动物、维护生态环境的目的。

香奈尔 2009 秋冬高级定制系列中,设计师 Karl Lagerfeld 用纸设计出的极具创意环保的帽饰,每一顶都是精美绝伦的艺术品(见图 2-16),W 杂志在 2009 年 9 月的主题大片"Derelict Diva"中,模特穿上了破旧的大牌购物袋,和真实的衣服相搭配,如此具有深刻意味的大片有着一份黑色幽默般的时尚嘲讽味,似乎还提醒着购物狂人们不要盲目消费,同时又带有呼吁环保的意味(见图 2-17)。

图 2-16 香奈尔 2009 高级定制系列中的纸帽子   图 2-17 "大牌购物袋"穿上身

2. 自然主义

自然主义这种设计风格主张人与自然的和谐之美,提倡自然、淳朴的设计语言。在造型上,自然主义通过对服装物态的重新塑造(如非构筑式结构),追求自然、无拘束的舒适性,强调原始服装中那些自然随意的风格特点和乡村田园式的富有诗意的美感。在色彩上,自然主义主张以自然色彩为主色调,如海洋色、森林色、天空色、泥土色等。日本著名服装设计师三宅一生,借鉴立体剪裁的方法,运用东方平面构成的理念、直裁制衣技法,以非构筑结构模式进行设计,从而达到无拘无束、少有人工雕琢的自然朴素的时装氛围(见图 2-18)。除了采用非构筑式结构、缠绕式结构、披挂式结构等表现形式外,自然主义设计风格还包含其他设计倾向,如怀旧风、乡村风、民族风等。

图 2-18　三宅一生设计作品

3. 简约主义

简约主义体现了现代人简单而高贵的生活理念,它的设计思路包括材料运用的简单化、结构设计的简洁化及细节设计的精致化。在服装设计中,简约主义遵循"Less is More"的设计美学,要求设计师在创作时必须从简约的前提出发,用最概括、最精练、最准确的设计语言来追求服装的美感,在设计过程中要以较少的参与因素来追求整体的审美力,重"质"而不重"量",重"机能性"而不重"装饰性",要追求以最低限度的素材发挥最大的效应。

2.2.7　名人影响

名人效应也是影响服装流行传播的因素之一,无论是让人追捧的时尚明星还是令大众仰慕的皇室王妃,她们的时尚穿着可能在一夜之间影响当下的潮流导向。随着当代媒体业的发展,强大的影响力不断地渗入大众的意识之中,以至于大众能在一瞬间产生共同的视角和态度,而媒介产品的不断发展也让更多的信息在全世界范围内得到广泛传递,名人效应也在无形中得到了放大,对服装的流行传播产生了深远的影响。

前美国第一夫人杰奎琳·肯尼迪是第二次世界大战后美国最受人瞩目的女性偶像之一。她喜欢时尚,追逐有品位的生活,当然,也是男人心中的"梦中情人"。杰奎琳·肯尼迪被誉为美国历史上最美丽的第一夫人,她时尚、聪慧、充满活力,为美国人的生活注入了新鲜的元素。在身为第一夫人期间,杰奎琳·肯尼迪树立起了自己时尚偶像的形象,这当中有一部分功劳要归于肯尼迪家族的好友、美国服装设计师奥列格·卡西尼(Oleg Cassini)。传闻当设计师卡西尼第一次见到杰奎琳时,她那蓬松丰厚的黑色短发和大大的黑色眼眸马上使他想起了一位优雅神秘的埃及公主。他简洁别致的设计和细节上的搭配,正合优雅的杰奎琳·肯尼迪所崇尚的简单中的精致才最能体现出女人的细心与品位。因此,杰奎琳缔造了这样一个真理——"简洁的经典服饰被合适的女性穿着,能散发出无穷魅力"。卡西尼为杰奎琳设计的经典套装加上盒子形状的帽子被妇女们竞相模仿。她以独到的眼光和穿着方式将时尚带进白宫,给美国流行时尚吹进了前所未有的优雅之风(见图2-19)。

1981年的英国皇家婚礼轰动世界,人们对查尔斯王子与戴安娜王妃的"世纪婚礼"仍是记忆犹新,共有750万人观看了婚礼转播,戴安娜那套25米长的婚纱堪称典范,当时也是引发了蛋糕裙的风靡。戴安娜王妃掀起了20世纪80年代的"皇家热",她对时尚的好品位让其成为国际性的时尚偶像。范思哲、克里斯汀·拉克鲁瓦和香奈尔都是她的时尚选择。她标志性的大蓬松金发、垫肩和华丽的服装都体现着80年代的潮流。更别说她那件经典到不能再经典的25米长的婚纱,当之无愧地成为那个时代礼服设计的教科书。戴安娜虽然香消玉殒,但由她演绎的时尚传奇却永不褪色。似乎在多年前,戴安娜王妃就深谙今后的潮流趋势,从明丽的套装到梦幻的礼服,戴安娜对于服装样式、剪裁的大胆抉择对日后的皇室时尚——包括凯特王妃、莱蒂齐亚王妃——都产生了持久而深远的影响。她的许多时尚造型至今仍被视为经典。福布斯曾评论:"从她走进公众视线开始,她穿的任何衣服都会立马成为时尚界的宣言。"(见图2-20)

图2-19　杰奎琳·肯尼迪　　　　　　　　图2-20　戴安娜王妃

名人作为当今社会关注度高、影响力大的群体,对社会公众有极强的影响力。对于服装品牌来说名人效应更为突出。名人不仅起到了提高服装品牌知名度的作用,而且通过名人某一方面过人的优秀特质,能丰富品牌的文化内涵,影响消费者的消费观和审美观,从而提高消费人群对品牌的依赖性和忠诚度,以达到更高的营销目的。如今的商业社会中,社会大众的关注和品牌成功之间有着极密切的联系,任何有社会感召力的人都有将其影响力转化为财富的可能性。因而"名人"成为当今社会中最为大众所知又最有影响力的"商品"。当这样的"商品"与品牌的产品结合时就能产生巨大的价值。服装品牌在与名人合作时要考虑相互间的适配度、契合度等,在对各因素进行权衡后,各服装品牌才能找出与名人最佳的合作方式,从而能够借助名人的影响力来提高其品牌的市场效益。

作为处于金字塔最顶端的服装品牌类型,奢侈品品牌隶属于某个大型奢侈品集团,如路易·威登、克里斯汀·迪奥。这类品牌的主要特征是立足全球、引领时尚,在全球范围内有较高的品牌知名度和影响力。这类服装对于穿着者来说不仅仅是一件衣服,更是身份和地位的象征,表达着一种情感和文化诉求,这也是很多人会不惜代价购买的原因。然而,随着人们物质生活的不断提高和物质需求的不断增长,促使这类品牌不断利用新技术和无限创意,制作出品质超群、设计独特的服装供消费者选择。这类品牌在提升自身服装品质的同时,也在不断扩大其在世界市场的占有率,在这个过程中必然需要某些特定的名人来扩大其在某个特定领域和范围内的知名度。

2.2.8 人口因素

人口因素是指构成人类社会有生命的个人的总和,是一个包括人口、数量、质量、人口的构成、人口的发展、人口分布和迁移等各种因素的综合范畴。人口因素也是社会生活的必要条件之一,对社会的发展起着影响和制约的作用,同时对服装的流行传播也起到了关键作用。人口因素是构成服装流行传播的基石,它与大众的需求、购买特点及频率密切相关。人口因素可细分为性别、年龄、经济收入、职业、文化教育水平、信仰、民族及社会阶层等内容。

在探讨影响服装流行传播的因素中,我们整体归纳出政治、经济、社会、科技、地理、人口、文化思潮和名人影响等因素(见图 2-21),这些因素都是在整个时代精神的大环境下相互交织的,从而对服装的流行演变起到不同程度的影响。

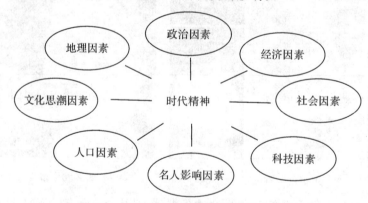

图 2-21 时代精神下影响服装流行的因素

2.3 本章小结

本章开篇对时代精神进行了概述,得出时代精神的广义特征。随后,在时代精神的基础之上探讨时代精神与服装流行传播的关联。最后,总结出影响服装流行传播的因素分别为政治因素、经济因素、科技因素、社会因素、地理因素、人口因素、文化思潮因素和名人影响因素。

3

The method and path of the social

circle analysis

社交圈分析的方法和步骤

本 章 概 要

社交圈研究路径 / 社交圈分析的背景 / 社交圈关键人物还原

社交圈主流价值观与代表性机构 / 社交圈人物特征归纳及典型人物分析

查尔斯·F.沃斯社交圈分析

3.1　社交圈研究路径

服装不同于其他商品,它既是可见的实体,又是一种符号,实体与符号以高度视觉化的方式联系在一起,预示着个体(实体和符号的所有者)的特征。服装是人们社会属性的标识。人们通过辨别和参考这种符号来作为区分个体特征差异的方法之一。人们以服装为媒介塑造自己的社会形象,扮演社会角色,并影响他人对自己的印象。

时尚是阶级分层的产物,意味着一个以它为特征的社会圈子的共同特性。在这种状况下,不同阶层、群体之间的界限会不断被突破。社会群体的聚集与形成实际上是一个认同感不断清晰、加强的过程。认同感的形成则是一个动态结构,是一个比较的概念。"每一个时尚,究其本质而言,都是阶级时尚。"格奥尔格·齐美尔(Georg Simmel)[①]发现在社会已经存在等级差异的情况下,同一等级群体需要通过"社会形式、服饰、审美判断、自我表现形成整体风格",并视这种"风格"为等级荣誉进行维护,一旦较低阶层进入,他们便创造新的"风格"以重新区别芸芸众生。

社交圈分析的方法是将某个时代下关键的时尚潮流人物的社交圈作为切入点,通过社交圈的还原与细分,总结某一阶层具有共性的一类"弄潮儿"[②],发现流行发展的原因来源于契合了当时时代的发展和特定的传播路线,以及对时代精神的把握。

3.1.1　社交圈研究路径凝练

社交圈研究路径以时代背景研究为第一步。时代背景研究的范围囊括同时代的政治经济背景、文化艺术潮流、科技变革迭代以及社交圈交叠的状况。在此基础上对社交圈的主流群体进行研究,以当时的主流价值观、人文艺术思潮、社交圈代表性机构组织为信息捕获主要来源。在时代背景研究之后,由面至点地从主流群体研究到个案研究,聚焦典型个案。在进行个案研究时,运用四维度分析挖掘当时社交圈人物的身份地位、意识形态、审美趣味、从众与个性等特征。基于个案切入分析的社交圈关键人物还原,还原其人物形象、生活方式、个体价值观与价值诉求以及与关键人物日常往来场景和信件档案等碎片化

①　格奥尔格·齐美尔,德国社会学家、哲学家,主要著作有《货币哲学》《社会学》,是形式社会学的开创者。

②　又被称作潮人,属于走在时尚顶端的人,他们穿着打扮时尚新颖,也有自己独特的生活方式,无论是衣食住行,都是最"in"(时尚的)的。

信息……以小窥大地反映出当时主流时尚现象与流行传播方式。如图 3-1 所示为社交圈研究路径。

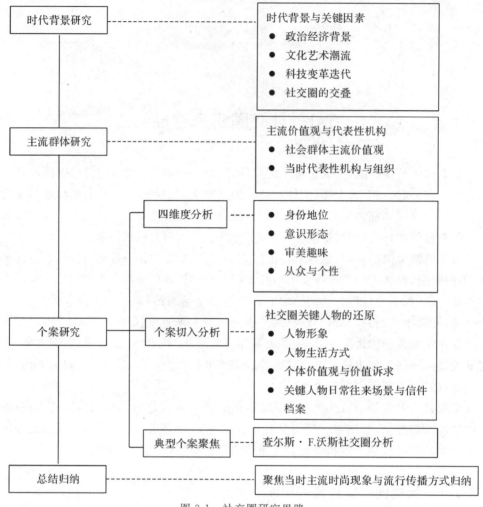

图 3-1　社交圈研究思路

3.1.2　社交圈时代背景研究方法

　　人类学家爱德华·萨丕尔(Edward Sapir)[①]指出:"每一种文化模式,每一个社会行为都涉及交流,都与传播有或明或暗的关系。"[②]而"时尚是在大众内部产生的一种非常规的行为方式的流行现象。具体地说,时尚是指一个时期内相当多的人对特定的趣味、语言、思想和行为方式等各种模型或标本的随从和追求"。[③] 从该定义可知,时尚也是一种特定的行为方式和文化现象。

---

① 　爱德华·萨丕尔,美国语言学家,人类学家,美国艺术和科学院院士。

② 　[美]威尔伯·施拉姆,威廉·波特.传播学概论(第二版).何道宽,译.北京:中国人民大学出版社,2010.

③ 　周晓虹.时尚现象的社会学研究.社会学研究,1995(3).

不同流行传播时期的政治经济、文化艺术潮流以及科技变革等方面的内容迥然不同，以此为背景的社交圈分析必然也是大相径庭。探究社交圈所在的具体时代背景情况，对还原社交圈的真实性与科学性具有至关重要的作用。社会背景作为影响服装流行风格的隐性因素，对服装风格的流行起到了指向性的作用。而社交圈同样也是在时代背景基础上诞生的，受时代环境影响，并向社会产生相应的反作用。在时代背景中，我们主要探讨政治经济、文化艺术潮流以及科技变革对社交圈时尚流行传播方式的影响。

1. 政治经济背景

政治经济是社交圈时代背景里探究的第一要素，社会的主导意识形态对流行传播的方式起到关键的影响。

例如，在中国近代，辛亥革命推翻帝制，中山装作为流行服饰传播开来；"文化大革命"时期，绿军装是最流行的服饰；改革开放后，思想多元，于是我们穿上了西装。在西方社会，早期拥有时尚话语权的往往是那些处于社会上层阶级的贵族人士，家庭的社会地位依托于妇女的荣誉性消费和炫耀性有闲来表现，因此上层阶级的妇女们总是专注于如何更加引人注目的浪费劳力和消费物质资料。在一个妇女完全是男子附庸的社会，炫耀性有闲和明显浪费是女子必须要做的一件事情。因此，所形成的时尚流行服饰必然是划分社会阶层的标志，是财富和权势的象征。在这种时代背景下，流行往往从具有高度政治权利和经济实力的上层阶级开始，这一时期也被定义为流行传播的"下传"时期。

随着资本主义的发展，原来在十七八世纪存在的等级森严的社会阶层结构被瓦解了，经济的发展让很多人能够买得起大量的时尚产品，时尚作为阶层区分的一套符号已不能解释各种时尚现象。而到了 20 世纪 60 年代，由于成衣的出现，流行服装的成本大大降低，享受时髦不再是社会上层阶级的特权，流行开始真正地在社会各阶层、各年龄层的人群中普及。年轻人越来越占据流行的话语权，他们采用叛逆和反传统的服装款式来表达自己的意愿和对社会的态度。这些新的服饰由于强烈的特色和实用性而逐渐被社会的中层甚至上层所采纳，最终形成流行，这一时期被定义为流行传播的"上传"时期。

直至今日，市场的多样性，不同类别的人群，不同的经济、社会地位，都意味着越来越多的风格可以在同一时间被人们接受，以供在不同的场合，不同身份的人穿着。碎片化的流行信息与世界多样文化的交流，使流行趋势越来越难以用概念或笼统的方式预测。流行传播开始变得水平化，流行信息的大量共享与快速传播使得各种风格创意层出不穷。政治经济背景有利于我们对社交圈时代环境的把握，从而对服装的流行传播研究更全面。

2. 文化艺术潮流背景

在人类的衣、食、住、行这四个基本生存需求中，服装是最具有创造性的，是人类文明的产物。每个时期社会生活内容及其艺术本身的变化对服装的流行传播产生了重大的影响。艺术依据时代的变化以前所未有的速度发展，在艺术影响下所形成的服装格局自然是纷繁复杂的。对于每个时期的服装设计者来说，认清每个时代的艺术局势，把握这一格局，发展个人风格，引导时尚潮流，也是非常关键的。每个时期的文化艺术潮流包含从各民族的绘画、建筑、雕塑、摄影、音乐舞蹈、戏剧电影、诗歌文学中吸收的灵感。20 个世纪 30 年代，给巴黎高级女装业带来无限惊奇和震动的设计师艾尔莎·夏帕瑞丽（Elsa Schiaparelli)认为：时装设计不是职业而是一种艺术。她一生受多种艺术的影响，包括未来派、野兽派、立体派、达达派以及最为世人所瞩目的超现实主义，这些都曾在她的作品中出现过，形成了一种"丑陋的雅致"。

不仅如此，通过科学的数据计算发现，手工艺和工业文明相融合的时期，装饰风格高度流行，这与 1920—1930 年的装饰艺术运动的发展紧密相连。现代主义思潮提倡的是"形式服从功能"，主张理性主义与减少主义，因此具有理性特色与功能主义的经典风格在该时期具有最高的流行程度。后期由于"无障碍设计"和"全人关怀"思潮的兴起，使得这一时期追求全方位设计（Universal Design）①，提倡在最大限度的可能范围内，不分性别、年龄与能力，适合所有人使用方便的环境或产品设计。

文化艺术潮流对与之相关的服装流行风格具有直接促进作用，这也是社交圈流行传播时代背景研究中不可或缺的内容。

3. 科技变革迭代

历史上不断有政治权利的更替，经济的盛衰，时代风尚的嬗变，但只有科学技术的进步是一个必然的、永恒的因素。科技的发展影响了服装形制的变化发展，其由复杂到简约，由保守到开放，由优雅到性感，也影响了人们对时尚的选择。科技文明的巨大进步，为服装流行的传播提供了许多崭新的途径、方式和手段，现代科技文明打破了传统艺术的贵族性，使审美欣赏成为一件人人都可以参与的又简单又方便的事。服装流行的变迁与媒体传播有着密切的关系。服装得以流行，需要媒体的传播，而媒体的传播又促进了服装的流行变迁。现代社会的传播使得人们可以迅速了解即将和正在流行的事物。

随着电视与新媒体的普及，人类的信息获取出现了视觉化倾向。电视所具有的视听兼备的多符号传播方式使电视充当了现代生活的文化图腾，视频充分利用和开发了人类的视觉，以动态表现代替了报纸杂志的静态表现。视频不仅大大丰富了人们的生活，也潜移默化地影响着人们的生活方式和价值观念。因此，在视觉时代，以电视、网络视频等为主的视觉符号从影视媒介扩散到生活的方方面面时，电视、新媒体也引领着大众的主流文化生活方式，推动着视觉文化的流行。

服装流行是一种复杂的社会现象，体现了整个时代的精神风貌。在研究社交圈之前我们主要通过政治经济、文化艺术潮流以及科技变革作为背景还原，对近代历史上出现的服装流行传播时期进行了大致的划分（见图 3-2）。根据划分的服装流行传播的下传、上传、水平传播三个时期，便于我们对每个年代的服装流行进行更深入的研究。

4. 社交圈的交叠

正如某个时代的精神面貌是由政治、经济、文化技术、科技的相互交织构成的一样，社交圈也是如此，交叠着社交圈各阶层人物的生活圈、文化圈及艺术圈，对他们的主流价值观和艺术思潮都起到了很大的影响，如图 3-3 所示。19 世纪法国处于传统向现代转变的时期，随着资本主义经济和工业革命如火如荼的发展，各方新兴势力风起云涌，经济生活

---

① 在满足衣食住行的物质需求、提供优质感官体验的同时，设计还应是精神性的，在深层次融合了文化基因、情感和心灵需求，最终能够启发人对"物"、环境及自身的观看和理解。

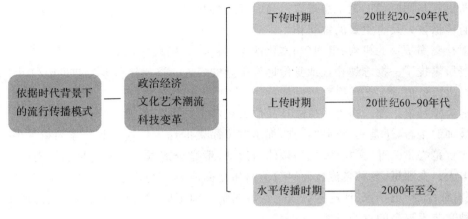

图 3-2　时代背景下的流行传播模式

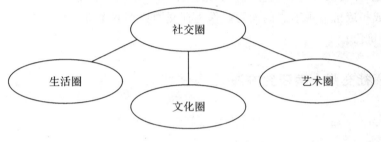

图 3-3　社交圈的交叠

发生了巨大变化,传统的乡村生活模式也随着工业革命而转变,现实主义、印象主义等艺术流派随之应运而生。绘画题材发生了巨大变化,而绘画题材的变化与画家所处的阶层有莫大的联系。画家描绘的日常景象,工人阶级、农民阶级劳作的情景,小资阶层闲暇时的公园漫步、咖啡馆闲谈、周末聚会、欣赏歌舞表演等,均是自身所处阶层发生的事件或亲眼所见。艺术圈所呈现的艺术作品与生活圈交织在一起并产生了明显的影响。生活在阶级社会的艺术家们通过自己的艺术作品形象地表现或传达出艺术家自己的思想意识和阶级立场。

巴黎是 19 世纪世界的时尚之都。各种主题和场景中衣着时尚的女子几乎构成了马奈等印象派画家作品中现代都市生活的全部内容。这一时期的艺术作品大多都在描绘穿着时尚而华丽的巴黎女子。时尚的巴黎女子与这一时期的法国时尚、女性气质和民族文化身份是紧密相连的。在阶级社会里,艺术家们创作的题材与当时社会现象有着密切联系,他们的艺术价值观与人生观也不可能脱离社会而存在,两者是相互影响的;社会现象被当作绘画题材去呈现,同时艺术家在画布上所表现的绘画内容也是对社会现象有力的回应,这些本身就同他们所处的社会地位与社会阶层是相符的。

3.1.3　社交圈主流群体研究方法

社交圈主流群体特征研究在社交圈研究路径中起到了承上启下的作用。进行社交圈关键人物还原之前,发现以关键人物所延伸的社会关系具有一定的群体性特征,提取他们主流价值观与同时代的艺术思潮以及当时代表性机构组织,对探究社交圈主流时尚现象与流行传播方式具有重要的铺垫作用。

对社交圈重要的机构、组织(如文化沙龙、俱乐部)的调查与分析是必不可少的环节,这类场所聚拢了一批志趣相投或身份地位接近的名人。剖析这些典型的机构和组织能反映当时主流价值观与艺术思潮。例如,1907 年瓦纳多尔夫勒委托维也纳手工工场打造了一家名为蝙蝠俱乐部。作为一位极具品位又久经世故的资本家,他将俱乐部中无论是彩色瓷装饰的柜台,还是黑白调的礼堂,都镶嵌了昂贵的珠宝。这不是一家简单的俱乐部,它的主旨是提供一种"文化性"的娱乐休闲活动,聚拢分离派和手工工场朋友圈中的文化艺术名人。在那里,各种名流或商界精英们相互交流思想和价值观;同时,在这个社交圈中,还有作家、历史学家、评论家以及芭蕾舞演员。前卫时髦的蝙蝠俱乐部成为那个时期维也纳文艺界聚会的首选场所。

由此可见,社交圈中的代表性机构和组织作为一种社交活动的平台和媒介,汇聚了一批具有共同或相近价值观思想的人物。作为社交圈典型和个性的捕获平台,凸显了其"桥梁"的地位与价值。

3.1.4 社交圈个案研究方法

1. 四维度分析

四维度分析以捕获社交圈人物关于身份地位、意识形态、审美情趣及共性和个性方面的特征为重点。对整个社交圈的人物关系进行提炼得到社交圈中的典型人物,并对其与核心人物的关系进行拓展延伸,进而分析其对服装流行的影响。

(1)身份地位

对社交圈人物的身份地位进行归纳,可以确认其社会阶层,不同社会阶层的意识形态和审美趣味必然是不同的。对于上层社会的人物来说,服装是金钱文化的一种表现,服装设计表现最突出的就是明显浪费准则。一个人的金钱地位可以通过多种方式显露出来,服装则是其中表现力最强的。服装不仅能够证明人们的金钱地位,还有着十分微妙的深远影响。高档服装除了证明消费它的人有着相应的支付能力之外,还显著地标明这种穿着的人必定不需要进行任何实用性的劳动。高昂精致的服装使得旁观者一眼便知这个人是绝对脱离生产劳动之外的。

时尚除了在纵向等级社会阶层中传播外,在同一等级中也会相互影响,齐美尔认为,时尚的本质在于群体中只有一部分人领导时尚,整个群体不过在跟风而已。[1] 在领导时尚的人中,首先是时尚英雄,某位杰出人物通过服饰、行为和趣味等,让自己鹤立鸡群,从而体现了"社会欲望同个人化欲望之间某种非常奇特的平衡关系",并且在这种带动中,获得了"拥有特殊物的个人情感"和"被大众模仿并负载起大众精神的社会情感"的双重满足。[2]

---

① 齐美尔.时尚心理的社会学研究//齐美尔.金钱、性别、现代生活风格.刘小枫,顾仁明,译.上海:学林出版社,2000 年,第 96 页。

② 同上,第 97-98 页。

服装设计者也往往特别注意这个因素,在各种细节上都着力凸显这种衣服绝不是体力劳动者可以穿着的。高雅的衣装不仅代价昂贵,而且要突出有闲的标志,彰显出它的主人远离生产事务之外并且还有能力消费代价昂贵的物品。女性最重要的目的就是彰显浪费和有闲。这些服装设计都不把舒适看作是最优先考虑的因素,而是在如何将浪费体现得更明显上大费周章。在理想的金钱文化盛行的社会里,主妇是家庭里地位最高的仆人。一种衣饰的出现或者流行都是由于它能够证明金钱地位,从而赋予穿它的人以荣誉。

(2)意识形态

服装附着于人体之上,服装形式的变化与人们对人体的审美变化紧密相关。在西方,人体艺术有着悠久传统,始终渗透着人的情感,"在精神情态的左右下,作为生理现象的视觉也在发生变化,这种变化的主要特征表现在它正寻找符合自身情感和精神价值需要的对应形态,并且在无意识地改变着客体。由于主观视觉受精神情感影响,而情感精神价值的一个重要部分恰恰是时代精神、审美情趣、社会风貌在个体身上的表现",因此,在同一个时代背景下的人体艺术和服装形式是吻合的。

意识形态(Ideology)是指一种观念的集合,是与一定社会的经济和政治直接相联系的观念、观点、概念的总和,包括政治法律思想、道德、文学艺术、宗教、哲学和其他社会科学等意识形态。意识形态的各种形式起源于以生产劳动为基础的社会物质生活。随着经济基础的变化,政治、法律、道德、艺术、宗教、哲学和其他社会科学等,各自以特殊的方式,从不同侧面反映现实的社会生活。它们相互联系,相互制约,构成意识形态的有机整体。每个社会的统治阶级的意识形态,都是占社会统治地位的意识形态,它集中反映该社会的经济基础,表现出该社会的思想特征。这里,我们用来归纳社交圈人物在不同社会统治阶级下表现的关于服装流行或审美诉求方面的意识形态。

(3)审美趣味

社交圈人物的审美诉求直接影响他们对服装流行的敏感与追逐程度,因为人们可以通过衣着判断出他人的身份地位。服饰属于明显消费的对象,有闲阶层的穿戴打扮总是在向人们表明这样的姿态,他是无须劳作的上流阶层,因此会在服饰上追求华而不实的款式。在有闲阶层看来,服饰的审美原则应建立在金钱荣誉的基础上,背离了金钱荣誉,服饰的审美效果也就荡然无存了。上层阶级的家庭主妇美的标准是五官精致,身材苗条,手足纤细,这种审美观念一直从骑士年代延伸到现代社会。到了现代工业社会,有闲阶级女性美的标准发生了变化,女性作为代理消费者的地位有所下降,其身体各部分之美不再重要。

在某种意义上,就迷你裙来说,首先它是审美观念的解放。对于女人来说,迷你裙是女人寻求独立和个体的方式。20世纪60年代的女人穿着牛仔裙,是因为她们已经厌倦了不得不表现出端庄文雅的行为模式,而在审美观念上,迷你裙能代表那些竭力追求个性的完美及自然的女性。

(4)从众与个性

作为社会群体中的人,每个人都会多多少少有从众的心理,个体希望通过与群体趋同的行为方式、生活方式等,获得他人和社会的认同。而这些约定俗成的规范是由大众的"共识"达成的。是否遵从这些共识,成了区分"同类"和"另类"的标志。不同时期所遵从的社会审美风向随时间而改变。如香奈尔①一向以时尚、高端、优雅为主要特征,其不菲的价格,又令普通消费者望而却步。这个品牌成为公认的身份标签。在钟爱并经常性消费香奈尔服装和化妆品的女性中,相同的消费倾向更容易使她们相互认同并产生好感。而对于普通大众,香奈尔消费者靓丽光鲜的女性群体形象,又在不断吸引她们关注或追随着这个品牌,渴望加入这个群体。在这种情境下,服装,或者说服装品牌,既是区分"群体"的门槛,又是吸引潜在客户加入的"群体"标志。正如19世纪下半叶的欧洲,上流社会的名流们争相穿着沃斯设计的高级礼服,因为高级礼服是上层社会的象征,代表了上层社会背后奢靡的生活方式。

人们并非总是乐于从众,当与其他人过于相似的时候,自身也会产生反叛情绪,如厌倦感、乏味感。因此,在流行的大潮中,人们也会尝试重新塑造自己的独特风格,进行独特的自我表达。令人欣慰的是,服装上的标新立异被认为是可接受的对标准的隐性背离,是社会生活中最安全的一种叛逆行为之一。追逐新潮流的过程中,将个性化调整在适度的范围内,在遵从群体的穿着标准与发扬个性之间保持平衡,会给人赏心悦目的舒适感。同时,个性表现欲强的人会对稀有的东西更渴望。限量版的服装、皮包甚至是手机,都成为这部分人自我表达个性的途径。社交圈人物在面对服装流行大潮时势必也会面对从众与个性的判断与选择。

纵观社交圈不同阶层的人物,会发现在身份地位、意识形态及审美趣味上围绕核心人物存在社交圈各个形态的共性特征,通过这些共性特征可以对当时整个社交圈的流行传播进行一定程度的信息反馈。共性之中必然也会存在个性,挖掘社交圈中的典型人物对社交圈所呈现的服装流行传播方式具有聚焦和深入的效果。

2. 个案切入分析——社交圈关键人物还原

基于个案切入分析的社交圈关键人物还原除了剖析社交圈关键人物的形象外,他们的生活方式、个体价值观与价值诉求、日常往来等都是需要深入探讨的。社交圈在此可形容为微型的社会,它反映出群体的主流价值观与艺术人文思潮,对分析服装流行传播特征具有不可小觑的意义。

(1)社交圈人物形象

服装作为人的"第二特征",在社交场合起到了交流作用。不同于以文字表达为基础的语言符号,服装主要通过人的感官,即视觉来完成,有时更是无声的交流。个体受社会情境的影响,通过选择的具体实物(服装款式、色彩与搭配),来展现自己想要传达的外在形象。因此,服装作为符号,更像是个体通过外观来传递的信息,通过对符号的选择来控制信息的喻义,如选择什么风格的服装来塑造自己的外在形象。

透过社交圈人物形象的分析发现,人们以服装为媒介,塑造自己的社会形象,扮演着社会角色,影响着他人对自己的印象。服装作为一种符号,代表着社会价值,表达出个人情感和抱负。各个社会阶层的人物所呈现的人物形象截然不同,这来源于造就他们的成长环境、文化熏陶甚至审美大相径庭。在把握社交圈人物形象时,对人物的身份地位、性

---

① 香奈尔是一个有着百年历史的著名品牌,香奈尔时装永远有着高雅、简洁、精美的风格。创始人香奈尔女士也是一位颇具传奇色彩的女性。

格特征、品位审美都需要做深入了解。如沃斯社交圈中的皇室往来对象,拿破仑三世的皇后——欧仁妮皇后(见图 3-4)。人们描述她的形象为中等身材、体态婀娜、宽宽的肩膀、非常丰满的胸脯,因此她喜欢袒胸露肩。金黄而又透出红棕色的秀发、细嫩而白皙的皮肤以及在稍稍靠近鼻根部的蓝灰色眼睛都让她成为大家口中的美人。此外,人们觉得她的风度更甚于美貌。她引起的关注和赞赏可能比一个古老家族的公主更多。出身旧王室的那些对她的美貌与高雅风度感到好奇的妇女们觉得她"既非皇后,又非公主,但正好是一个迷人、得体的女子",一个完美的上流社会的女子。她充满热情与活力,她热衷于节庆活动。欧仁妮皇后天生丽质,在当时和奥地利的伊丽莎白皇后(即茜茜公主,见图 3-5)并称为欧洲两大美人。当时的欧仁妮皇后引领着法国上流社会的时尚潮流。

图 3-4 欧仁妮皇后

图 3-5 茜茜公主

对社交圈关键人物形象的把握,可以在一定程度上了解该社交圈人物所处社会阶层的审美趣味以及当时社交圈的主流时尚风格。同一社会阶层的女性们在穿着上总是具有相似性以及攀比模仿的因素存在,这对于了解特定时代背景下的服装流行传播具有以小窥大的作用。

(2)社交圈人物的生活方式

各个时期各阶层的生活方式全然不同,服装作为其身份的象征也传递着女性的社会地位。14 世纪初意大利所兴起的文艺复兴运动,于 15 世纪后半叶扩及欧洲许多国家,16世纪达到高潮。它的兴起是以新兴资产阶级经济发展为背景的。新兴资产阶级文化提倡"以人为中心来观察问题,赞美人性的美好,反对神的权威,以人性代替神性,充分肯定了人的价值和尊严;他们提倡幸福就在人间,反对教会的禁欲主义,追求时间的财富、艺术和爱情的享受;他们尊重知识,崇尚理性,反对教会的蒙昧主义和神秘主义,相信自己的创造力。"这种人文主义思潮已经波及生活的各个方面,与人类生活密切相关的服装也发生了前所未有的变化。文艺复兴时期,在裙撑①(Farthingale)(见图 3-6)出现之前,人们已经用多层内裙和毛毡制的内裙使裙子膨大。到 16 世纪后半叶,西班牙贵族创造了裙撑,使裙子呈现出前所未有的造型,膨大的裙体衬托出女性纤细的腰肢,整体造型呈现丰臀细腰

---

① 鲸骨圆环,16 世纪初,用鲸骨圆环扩大的裙子起源于西班牙上层阶级,被伊丽莎白一世推向世界。

的正三角形。两性各自的性特征在这时得到了前所未有的强调和夸张,以鲜明的服装造型形成两性对立的格局。这种服饰跟当时贵族妇女奢靡的宫廷生活方式有着密切的关联。

图 3-6　用鲸骨圆环扩大的裙子　　　　图 3-7　18 世纪法国舞会盛景

在 19 世纪,大部分资产阶级妇女是不外出工作的。这一方面是因为她们的父兄、丈夫拥有足够的财力,不需要她们如同工人阶级妇女一样外出工作补贴家用;另一方面妻、女不外出工作是资产阶级男子地位的象征。19 世纪法国资产阶级妇女的主要职责就是将家安排舒适,让丈夫愉悦、无忧,具体地说是养育子女、照顾丈夫的饮食起居和安排仆人的工作,因为当时法国资产阶级家中都有仆人,上层资产阶级家中有数名仆人,下层资产阶级家中至少也有一位仆人。所以,资产阶级妇女真正要自己动手做的事情很少,她们成了真正的有闲阶级,有充裕的时间而又无所事事,于是置办衣服和首饰并互相攀比就成为她们最感兴趣的事。在一些重大场合,她们衣着华丽、举止优雅地追随在丈夫或父亲身边,成为众人艳羡的对象,也成为其父亲或丈夫炫耀的资本。资产阶级妇女的无所事事和奢华则表明了她们的所有人的勤劳和能力,她们总是光彩照人的出入公共场合(见图 3-7)。于是,资产阶级的妇女满足于她们的地位的;下层妇女羡慕她们,工人阶级的女儿梦想有朝一日能嫁给一位资产阶级男子为妻,从此脱离工人阶层;工人阶级的妻子则盼望丈夫能多挣一些薪水,自己便可以不再出去工作,摆脱家务、工作双重负担。

直至大生产与大众消费的大量涌现,普通人才开始有权利进入时尚领域。自此以后大众消费越来越呈现一种符号消费的形式,大众化产品成为提升自我、超越他人的重要资源。然而,社会阶层的存在,使人们在努力向更高阶层攀爬的过程中,总在模仿上层社会的吃穿用度、举止仪态,因此创新总在高的社会阶层产生,不断往下扩散传播。当一种流行物在下层社会遍地开花,上层社会为了更好区分等级属性,就立即创造了新的风尚,时变时新也是时尚之所以成为时尚的原因。齐美尔认为,所有时尚准确地说都是阶级时尚,而且驱动时尚向前的力量是:人往往选择优于自己的人作为模仿对象,当较低社会阶层开始模仿较高社会阶层的时尚时,较高社会阶层就会抛弃这种时尚,重新制造另外的时尚。①

社交圈人物的生活方式在时代背景的基础上呈现阶级分化的状态,不同的社会阶级

---

① ［德］齐美尔.时尚的哲学.费勇,等译.北京:文化艺术出版社,2001.

所拥有的物质基础、社会地位直接影响她们对服装流行的积极性。这对于服装流行传播具有至关重要的影响。

（3）社交圈个体价值观与价值诉求

社交圈人物价值诉求从人物从事的工作或以日常生活方式来体现，即使是无须劳作的贵族妇女，她们也需要成天将自己装扮得美丽动人，热情积极地参加宴会，乐此不疲地寻找各种可以消磨时光的活动。此时，服装对于她们来说是最能体现身份地位的，所以她们的价值诉求就是装扮好自己。20世纪初，随着世界工业化进程，一些国家的女性走出家庭参与社会工作生活已成为一种普遍现象，男女平等的主张也从抽象变为具体。中产阶级妇女是这场争取妇女参与政权斗争的主力军。因为她们已经有了受教育的权利，也有了保护自身经济财产及工作的权利，女性开始尝试将自己男性化，开始参加以前男子参与的各种户外体育运动，促使人们以全新的眼光思考两性的角色问题。此时的妇女所需求的已经不是往日曳地的长裙、盈尺高髻，旧式服装是她们走向社会的障碍之一，于是服装从繁复走向简化，服装也不例外地迎来一场新的重大变革。19世纪20年代，是西方女装发展的重要时期，在女装设计上出现了男性化的设计趋向，虽然模仿多于创造，但可以说是相当得离经叛道，与传统有极大的差距。带有明显男权特征的裤装成为首要模仿的对象，并作为妇女的普通公共着装得到接纳，女性开始走向社会，裤子被时尚界接受，女装中性成为可能。

在女性的身体形象问题上，女性主义的观点是：女性一直处于美貌竞赛的巨大压力之下，即以男性的观点判断、批判女性的身体，只注重"外在"的形象，而否定了女性身体"内在"的感受。在人类文化中，服装是最直接体现性别意识的，社会文化以各种方式强化着人们的着装规范，随着时代的变化，女性地位的提升，女性对自身的价值诉求发生了翻天覆地的变化，从不同时代着装的变化中我们就能看到端倪（见图3-8）。

1885年的着装　　　　　　1925年的着装　　　　　　1941年的着装

图3-8　不同时代着装的变化

齐美尔认为，女人的社会学本质在于缺乏差别，在于相互之间更大的相似性，在于受到社会平均化更为强烈的制约。但是在习俗、平均化和一般标准的稳固基础上，女人却强烈地追求个体的独特和引人注目。

(4)日常交往与信件档案

对社交圈人物的日常往来与信件档案的还原,能直观地呈现服装流行传播的痕迹。在与不同阶层人物相处往来中,我们可以探寻在日常交往中社交圈对服装流行传播的影响。

正如服装设计大师艾尔莎·夏帕瑞丽而言,当时,世界进入20世纪30年代,经济萧条的同时艺术却格外蓬勃发展。西方现代各流派的优秀画家云集巴黎,而从小受到良好艺术训练的夏帕瑞丽恰逢其时,如鱼得水。她和所有前卫艺术大家都保持着非常好的私交:多位艺术家曾为她画效果图和设计晚装图案;超现实主义大师达利(见图3-9)也常为她设计刺绣花样和印花图案,使她的每件服装都俨然是一幅现代艺术品,甚至连萨尔瓦多·达利最著名的作品《带抽屉的维纳斯》都是从夏帕瑞丽的古怪抽屉式口袋中得到的启示。其深受达达主义与超现实主义影响的服装设计,为时代留下了难以磨灭的时尚痕迹。她最具代表性的作品是她与达利合作设计的龙虾连衣裙(见图3-10)、骨骼连衣裙、泪滴连衣裙和鞋帽,运用极富想象力的面料印花来把独特的艺术效果融入设计之中。

图 3-9　夏帕瑞丽和达利　　　　　　　　图 3-10　龙虾连衣裙

3.1.5　社交圈点线面研究方法

1. 社交圈的构成与场理论

社交圈依存于往来人物的情感或利益联系,它无法用单一维度的平面结构解释,需要在传播学、心理学、社会学及品牌学等相关理论的基础上来解释社交圈的构成体系。法国社会学家布迪厄(Bourdieu)把时尚解释为一种有助于按照趣味、社会身份和文化资本进行社会区分的编码。他认为高级时装领域在结构上与一般的文化生产领域是一样的,同样是以统治者、被统治者以及新加入者之间的斗争为其特征。我们不禁联想到百年前沃斯以其高级时装屋影响整个欧洲乃至西方时尚的经典。沃斯在19世纪法国高级时装领域所建立的审美规范的"象征性权力"使他能够在上流社会拥有时尚的话语权。在时尚领域以他为中心的社交圈内,他是该场域的统治者,皇室贵族、演员、艺术家、资本家则是其社交圈的积极参与者,不断跟随的新加入者以及沃斯时装屋的客户们则可称之为被统治者。

综合科特·勒温(Kurt Lewin)在界定他的场域的概念时引用爱因斯坦的物理学定义:"场是相互依存的事实的整体",与布迪厄的"结构同源性"理论中提到的"设计师在时尚领域中的地位与消费者所在阶级关系中所属的地位是相匹配的,杂志、商店等机构则是促成这种同源性产生的工具。"从中可以发现,社交圈的结构体系也是建立在上流社会同一阶层之中的,彼此有各取所需的共同交叠利益存在,社会身份、地位、荣誉的崇拜与比较是构成该时尚领域内设计师社交圈的社会隐性因素。

因此,我们可以将社交圈构成体系理解为:

(1)社交圈是围绕中心人物社交网络集群的还原;

(2)社交圈是在同一阶层中具有共同客观关系(情感、利益、荣誉)的个体及群体;

(3)社交圈中同一群体的个体具有某些相似的社会特征与个性,并在传播媒介的作用下相互影响,进而造成部分群体的扩张;

(4)伴随社会时代背景的变迁,社交圈存在动态变化。

2. 社交圈的点线面分析

在几何学上,点只有位置,而在形态学中,点还具有大小、形状、色彩、肌理等造型元素。点的串联构成了线的运动轨迹,同时又是面运动的起点,通过三个点我们就能确定一个平面。

在某种程度上,社交圈的构成模式可借鉴设计中的点、线、面关系来解释,能得到更加立体与形象的诠释。以社交圈研究的中心人物为起始原点,在时代背景研究的基础上,从圆心出发扩散还原社交圈中的相关往来人物信息。社交往来人物数量冗杂,在剖析错综复杂的人脉往来时,发现某些个体的主流价值观是相似或者是一致的,他们拥有相近的社会地位、身份和荣誉,于是将这群相似的个体的"点"串联成"线"。以查尔斯·弗雷德里克·沃斯的社交圈为例,作为19世纪时尚中心巴黎炙手可热的高级时装屋的创始人,沃斯社交圈的往来范围不单单由某个群体构成,他与他的时装屋面向的是整个上流社会的"客人们"。伴随沃斯时装屋的积极发展,社交圈的往来人数也在不断增加,地域范围也涉及更广,出现了不同的群体阶层。不同群体的"线"与以沃斯为中心"点"的交叠构成了整个社交圈的"面"。

伴随时间的迁移,社交圈往来的"点"个体也在不断变动着,社交群体阶层这根"线"伴随个体的改变在"量"上稍有变化,但本质依旧存在。如图3-11所示为沃斯社交圈的点、线、面及其动态变化轨迹。

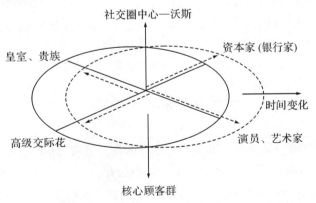

图3-11 沃斯社交圈的点、线、面及其动态变化轨迹

3.2　以沃斯社交圈为例分析

3.2.1　沃斯社交圈时代背景研究

19世纪欧洲,当时的社会结构正在发生变化,旧秩序瓦解,由资本家和帝国缔造者共同组成的新阶层正在重建世界。资产阶级的成员们是由有权有势且有影响力的群体组成,他们不只是出身贵族的有头有脸的人物,也是拥有极大财富的并具有领导能力、社会地位的。1845年,七月王朝被推翻,建立了法兰西第二共和国。三年后,法兰西第二共和国被法兰西第二帝国所取代,国王是拿破仑三世(Napoléon Ⅲ)。那是一个浮华的时代,对新富人阶级来说,他们坐拥大量的金钱,投身于工业和帝国企业的创建中。在拿破仑三世的管理下,巴黎高楼林立,大街笔直,社会浮华。

这一时期的欧洲正在经历一个相当不安定的阶段,整个欧洲在社会结构和文化观念上正经历一次深刻的转变,文化艺术出现了新的流派,不同程度上影响着服装的变革。18世纪流行的古典艺术逐渐被浪漫主义替代,后来受到科学与工业革命的刺激,又开始朝向写实主义发展,希望透过绘画、文学、音乐与摄影等方式捕捉现实生活的各种情境与人物,其中又以印象派最为著名。19世纪以来出现过新古典主义、浪漫主义、现实主义、工艺美术运动和新艺术运动。

从19世纪60年代开始出现了一系列的电气发明。电力的广泛应用,以内燃机为动力的新交通工具的创制和电话电报的发明成为这一时期主要的科技成果。在此期间出现的机器对服装的影响最直接明显。化学染料的发明、人造纤维的诞生、缝纫机的创制对服装的质量和美观产生了深远的影响。缝纫机的发明极大地促进了服装的生产,也对查尔斯·沃斯发展他的高级时装事业产生巨大的影响。

生于英国的查尔斯·弗莱德里克·沃斯在20岁时决定只身来到当时世界时装中心的巴黎试试身手。也就是这个决定,成就了沃斯成为服装史上举足轻重的人物。1860年,沃斯为奥地利驻法大使夫人梅蒂路尼茜公主(Princess de Metternich)设计服装,随后获得了拿破仑三世欧仁妮皇后的关注,成为宫廷服装师,沃斯逐渐成为引导巴黎上流社会时尚走向的人物。在当时的法国社会,流行传播是从宫廷贵族开始由上至下传播的模式,因此还原沃斯的社交圈对探究高级时装行业的萌芽与发展具有历史意义。

3.2.2　沃斯社交圈主流群体研究

沃斯成名之后,周围聚集了一批当时的欧洲时尚追随者,其中不乏上流社会的王室和贵族们。沃斯的社交圈对象不仅仅是为了一场舞会挖空心思,提前几个月就开始定制礼服、设计发型、调制香水的贵族妇女小姐们,还囊括了当时最有势力与财力的政治名流与资本家们,以及当时巴黎社会的演艺界明星和高级交际花。他们共同参加沃斯的家庭晚宴,如同在沙龙聚会上一般谈笑风生,展示着当时的法国资本主义上流社会奢靡、优雅、华丽的生活方式。

19世纪法国上流社会的生活方式极尽奢靡。身着沃斯高级时装的贵妇人奢华、优雅、有格调,这让有产阶级最是趋之若鹜,或许是因为她们身上有一种当资本急速积累后迫切需要体面的本质。在资本主义光环的包围下,各种社交活动充斥着贵族或者资本家的生活。他们通过"有闲"以及对金钱的挥霍来突出自己的身份地位,这也塑造了当时资本主义主流的意识形态和审美趣味。沃斯通过社交圈的来往渗透到了上流社会中,并且敏感地掌握了上流社会的诉求,这无疑对他的高级时装事业以及个人的声誉带来了巨大帮助。

1858年,沃斯与瑞典富商奥托(Otto Bobergh)合伙,在巴黎富人聚集的街道开设了一家高级时装店Masion Worth。他们不仅销售服装,还销售自己设计的服装图纸,这种独创性的经营方式,将他们与以前只负责制作服装的裁缝区分开来,成为真正的时装设计师。

为了更好地展示自己的设计,沃斯筹划了一场真人展示的时装发布会(见图3-12)。沃斯的时装屋成为当时巴黎时尚女性的聚会场所。衣着华丽、佩戴时尚装饰帽的高贵女士们一边交谈一边欣赏将被出售的华丽服饰与布料。她们来到这样的服装沙龙,既可以获取时尚流行的装扮行头,又可以参与时尚女子的社交聚会,相互审视观察交谈,以便能够在最新的时装、文化和上流社会中展示自己。

图3-12　沃斯时装屋的时装发布

沃斯在19世纪的巴黎时装界拥有绝对的话语权,在女演员心中他的服装从来不会过时或者缺乏美丽。她们对沃斯的服装屋趋之若鹜,因为沃斯是当时最著名的服装设计师。她们钦佩他的智慧、经验以及想象力,穿着沃斯设计的时装感觉可以成为巴黎舞台上最时尚的表演者。因此,沃斯的时装屋在某种程度上成为当时法国巴黎最具时尚气息的潮流地标。

除此之外,沃斯也会在他位于法国叙雷讷(Suresnes)的家中举办晚宴,招待上流社会的皇室贵族,如拿破仑三世、威尔士亲王(Prince of Wales),19世纪法国上流社会有名的高级交际花科拉·珀尔(Core Pearl),英国著名女演员莉莉·兰特里(Lily Langtry)以及美国女商人伯莎·帕尔默(Bertha Palmer)等。他们在沃斯的家中谈笑风生,畅聊着上流社会的八卦和趣闻,分享着各自的见解和判断。

3.2.3　基于四维度分析的沃斯社交圈特性归纳

通过对沃斯社交圈人物身份地位、意识形态、审美趣味以及从众与个性四维度的整理分析发现,当时的往来人物不仅仅局限于法国本土最具权威的政治人物、皇室名流等,英国的皇室名流以及美国的金融大亨也囊括其内(见图3-13)。除此之外,沃斯高级时装的客户遍及欧洲其他国家如奥地利的茜茜公主,或是意大利、俄罗斯、波兰等国的上流社会阶层的贵妇人。在各个国家,上流社会的社交往来或者外事活动、政治名流聚会,对当时沃斯高级时装的推广起到了毋庸置疑的关键作用。

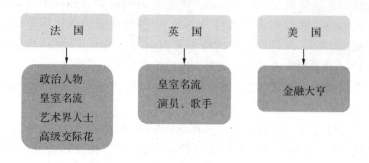

图 3-13　沃斯社交圈人物阶层

沃斯社交圈的相关人物大部分分布于当时法国上流社会中(见表 3-1),他们身份地位各有差异,沃斯的社交圈就类似于一个 19 世纪法国上流社会的缩影,通过剖析他们与沃斯的日常往来,对探究沃斯高级时装事业的发展具有重要意义。

表 3-1　沃斯社交圈相关人物整理

阶层与职业	代表人物	人物概述	日常交往
贵族、皇室成员	拿破仑三世	法兰西第二帝国总统,拿破仑三世的政权代表大资产阶级利益。可以说,是当时法国权利和财富的最高拥有者	共同参加沙龙聚会
	欧仁妮皇后	拿破仑三世的妻子,是法国宫廷流行的引导者和发布者,主导了整个欧洲女装的风尚品位	欧仁妮皇后的御用设计师,通常上门亲自为皇后定制礼服
	爱德华七世	维多利亚女王和阿尔伯特亲王之子,曾任英国国王,是一位极受人民爱戴而和蔼可亲的君主及社会领袖。婚后他摆脱了母亲的控制,开始了更自由的生活,马场、舞会、餐桌和女人的床是他经常光顾的地方	共同参加沙龙聚会
资本家(银行家)	约翰·皮尔庞特·摩根	美国银行家,金融巨头,亦是一位艺术收藏家。摩根从年轻时就敢想敢干,富有商业冒险和投机精神	共同参加沙龙聚会
上流社会高级交际花	科拉·珀尔	法国 19 世纪的著名交际花,她在法兰西第二帝国时期享有极高的名誉	经常光顾沃斯位于巴黎的高级时装屋

续表

阶层与职业	代表人物	人物概述	日常交往
艺术家（画家）	塞尚	法国著名画家，是后期印象派的主将，19世纪末被推崇为"新艺术之父"。年少时离家来巴黎学画画，1870年，为了逃避征兵，他隐居埃斯塔克。战争结束后，他定居巴黎。他的画风一直是激烈、暗淡和戏剧性的	友人聚会
戏剧演员	莉莉·兰特里	著名演员，也是爱德华七世的情妇，也被认为是19世纪七八十年代英国最著名的美女	购买沃斯的高级时装

3.2.4　基于个案切入分析的沃斯社交圈关键人物还原

通过对沃斯社交圈相关人物日常往来的信息梳理，发现当时与沃斯高级时装事业密切联系的主要人物集中在上流社会的女性群体上。欧仁妮皇后是沃斯社交圈中的关键人物，沃斯负责设计她的华服。据说，在所有贵族客户中，能让沃斯提供上门服务的也只有尊贵的欧仁妮皇后一位。

作为法兰西第二帝国皇帝拿破仑三世的妻子（见图3-14），欧仁妮皇后机敏灵巧，玲珑剔透，带着巴黎人特有的迷人气质。她拥有无法计数的珠宝与华服，也具备了制造流行的才智能力。欧仁妮作为法国宫廷流行的引导者和发布者，主导了整个欧洲女装的风尚品位。在当时，女性的着装不仅仅展现了她们自身的美丽，也反映出丈夫的权威和财富，女性被看成男人的玩偶和财产加以模式化。这个特征在上流社会中体现得更加明显。拿破仑三世曾经在可以俯瞰大海的峭壁上为他的欧仁妮皇后修建了一栋大别墅，他们邀约宾客一起出海漫游或登山游玩，沉湎于唱歌、跳舞，他们经常要考虑的问题是如何打发时间。沃斯除了专注于自己的服装生意之外，对于上流贵族们的生活状态也十分关注和了解，当时沃斯的设计符合了资本主义政治制度的意识形态和审美情趣，并且影响着社会大众阶层的审美。

聚焦19世纪巴黎上流社会著名的高级交际花科拉·珀尔（见图3-15），不仅因为她是著名贵族的情妇，更重要的原因是当时的社会结构发生了变化，社会浮华，那些"值得尊敬的人"与交际花公开厮混在一起。高级交际花是当时19世纪法国社会重要的一群代表性人物。作为高级交际花，她们依赖着贵族的赠予来享受贵族女性的生活方式。当时的高级交际花们除了不能参加宫廷的活动外，其他的生活风格和贵族们很像。她们有自己的社交界，也去看戏剧、听音乐、拜访高级设计师、坐马车，去高级餐厅就餐或者去度假等，与上流社会的生活别无二致，仅有社会地位的差异。

图 3-14　欧仁妮皇后　　　　　　　图 3-15　科拉·珀尔

对于科拉·珀尔来说,钱是用来消费的,用来积累生活的奢侈品,并在上流社会买到她梦寐以求的地位。科拉·珀尔在成为高级交际花之前是没有购买沃斯设计的服装的机会与财力的。她需要用美丽时髦的服装来包装自己,凭借自己娇媚的容貌与装扮在上流社会中吸引贵族男性的目光。沃斯就如是科拉·珀尔的助攻手,帮助上流社会的女性创造更多被关注的机会,展示自己的美,获取更多的名气。同样的,沃斯和他的时装屋也通过上流社会美丽女性的展示获得了更多的客户和收益。

为了和上流社会的贵族女性媲美,科拉·珀尔所代表的高级交际花们会经常光顾上层女性的服装师,还模仿了贵族的礼节。所有来自传统上流社会的女性能承受得起的生活方式,高级交际花们也能承受得起。而且,她们经常装扮的比传统贵妇人更时尚。作为欧仁妮皇后的服装设计师,沃斯当然也受到了高级交际花科拉·珀尔的追捧。在与沃斯的来往中,珀尔不单单只是购买沃斯设计的高级时装,他们之间还保持着很好的友谊。

如图 3-16 所示是科拉·珀尔与沃斯日常交往的猜想,科拉·珀尔的美貌无疑让沃斯的高级时装锦上添花,也替沃斯的高级时装起到了很好的宣传作用。高级时装被认定为象征着身份的荣誉,沃斯的设计也往往特别注意这个因素,在各种细节上都着力凸显出高级时装的价值,使得无论是上流社会的贵妇人还是让人艳羡的高级交际花们都争相购买沃斯的高级时装。

法国学者贝尔曾经说过:"如果巴黎不复存在,世界就必须创造一个巴黎,同样的,如果没有沃斯,巴黎也就会创造一个沃斯。"[①]为了迎合新兴资产阶级追求华美多变的流行服饰的心理,沃斯开创了一年四次的时装发布会和居高不下的天价。他首创的时装沙龙和动态时装表演,吸引了诸多上流社会顾客参加。这些都恰好迎合了资产阶级的虚荣心理。而高级时装在上流社会阶层的流行,也很好地符合了高级时装传播的方式,即由上而下的传播。沃斯的设计也如后人所评价:"我做的是我自己。我的设计是我的潜意识的反映,从不抄袭。"沃斯的设计扣住了时代的脉搏。

----

① 　包铭新.暴露还是遮羞[M].上海:上海书画出版社,2005.

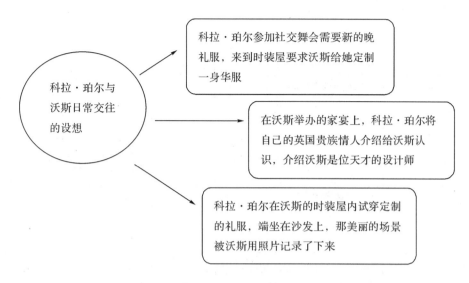

图 3-16 科拉·珀尔与沃斯日常交往的设想

通过还原"高级时装之父"沃斯的社交圈,反映出在 19 世纪资本主义背景下对当时的高级时装的发展具有重要的影响。穿着高级时装除了证明消费它的人有着相应的支付能力之外,还表明她们所处的社会阶层,在某种程度上我们可以认为高级时装是物质文化的一种表现。以沃斯的社交圈为中心,通过社交圈相关人物分析可以论证沃斯的成功不仅仅因为他的设计富有魅力,还与他富有创造力的高级时装运营模式息息相关,更重要的是他深入了解上流社会的生活方式,抓住了当时的资本主义社会的意识形态和审美情趣,这对于当代的高级时装发展具有指导意义。

3.2.5 沃斯社交圈与流行传播

下传理论(Trickle Down Theory)是 20世纪初提出的一种用来理解时尚传播的方式。19 世纪西方资本主义时代背景下的流行传播就是由上层阶级至底层大众的"下传"传播模式。这种自上而下的流行传播模式由各阶级之间相互影响变换,形成一个相对恒定的流行循环。

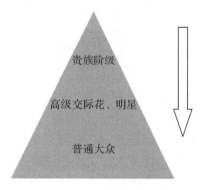

图 3-17 沃斯时期的流行传播路径

在流行传播过程中,主导的风格起源于上层阶级,向下延伸至下层。沃斯高级时装的发展与下传理论相吻合,如图 3-17 所示贵族阶级是时尚的引领者,她们带动的新风尚会影响非上流社会的下层阶级追随。在这个过程中,有两股不同的力量相互作用。首先,下层阶级为了爬上上流社会的阶梯,会模仿上层阶级的具有"身份地位"象征的穿着方式,而在顶层的阶级们也会不断窥视下层阶级以确保他们不被模仿,他们用更新潮的时尚来回应下层阶级的跟风,进而影响了当时整个西方大众的时尚潮流导向,如图 3-18 所示。

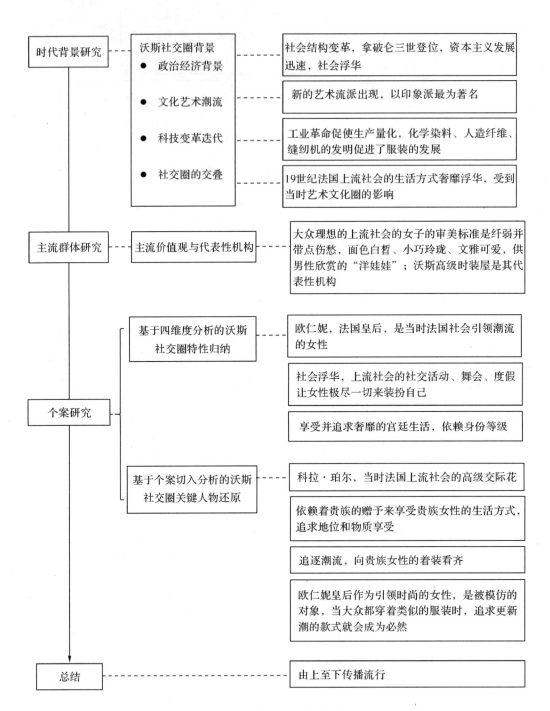

图 3-18　沃斯社交圈分析路径

3.3　本章小结

　　本章探究社交圈分析的方法和路径,并将社交圈时代背景的导入主要归纳为政治经济背景、文化艺术思潮背景、科技变革背景以及社交圈交叠。继而捕获社交圈主流价值观与代表性机构和组织,在此研究背景下聚焦个案研究,基于四维度的分析归纳社交圈特征;以个案切入分析还原社交圈的关键人物,主要从关键人物的生活方式、日常往来及价值诉求等方面入手。总结归纳当时主流时尚现象与流行传播方式,达到以古为鉴。以高级时装之父沃斯的社交圈为例,对主流时尚现象与流行传播方式进行归纳。发现流行发展的原因来源于契合了当时时代的发展和特定的传播路线,以及对时代精神的把握。

4

The spread of fashion under the

guidance of trickle-down theory

下传理论引导的

服装流行传播

本 章 概 要

维多利亚时期羊腿袖的流行 / 爱德华时期S形着装的流行

20世纪20年代轻佻优雅风格的回归 / 20世纪30年代斜裁长裙的流行

20世纪40年代"军装"风格的流行 / 20世纪50年代"New Look"造型的流行

4.1 维多利亚时期

4.1.1 时代背景

1837 到 1901 年被称为维多利亚时期(Victorian Era)。在 1860 年,英法等几个欧洲国家主导着政治和社会。巴黎和伦敦被认为是社会和商业中心。虽然此时的美国是一个年轻的国家,但扩大和发展自己文化的速度非常快。

在英国,正处于由维多利亚女王领导的保守的时代,她统治了 19 世纪将近一半的时间。英国的贸易和商业繁荣,经历了巨大的变革。财富也以公开展示的方式出现在时尚、艺术和建筑。英国的进步为其他国家所羡慕。法国大革命动荡平息后,法国重新恢复了作为世界时尚之都的领导地位。在美国,内战结束,奴隶制被废除。美国公众必须面对新的社会对种族和阶级的态度。

现实主义和印象主义是当时主要的艺术运动,音乐、文化在各方面交汇融合。在文学作品中,作家通过神话、象征和梦,揭示了深刻的人类情感和想象力。

1850 年,缝纫机的出现开始了成衣化生产。缝纫机进入工厂后,服装开始大批量生产。这种现代化产业改革影响了劳动力的变化,改变了各阶级财务状况,改变了通信和运输行业。社会分工也发生变化,妇女开始在外工作。

新技术的出现改变了材料,也改变了整个服装业。新材料、摄影技术的发明促进了时尚的发展。时尚杂志开始出版,时尚潮流、信息开始广泛传播。时尚杂志的出现使得流行能够被跟踪和复制。新的纺织技术,包括动力织机和合成染料,促进了纺织行业现代化发展。百货公司开始出现,消费者能够通过邮件订购的方式购物,城市和乡村的人们可以穿着机器生产的衣服了。

维多利亚时代于 19 世纪末结束,态度和价值观开始变化。随着美国经济的增长和实力的增强,欧洲处于主导地位的局面即将结束。展示这个时代时尚的著名电影有《飘》《年轻的维多利亚》《布奇卡西迪和小霸王》《纽约黑帮》。

4.1.2 维多利亚时期的流行

由于英法资本主义的发展和法兰西第二帝国宫廷的权威,流行的主导权回到宫廷。

拿破仑三世复辟第一帝政的风习，同时推崇路易十六时代的华丽样式，再加上这个时代的女性劳动是不被社会认可的，男性能力的证明就是让妻女待在家中，无所事事。因此，理想的上流社会的女子应是纤弱、忧伤而小巧玲珑的。于是从 18 世纪中期开始，这种女性美的标准，使女装向束缚行动自由的极端方向发展。

这一时期的女性强调胸腰差，偏爱沙漏形的身材。维多利亚时代的日趋繁荣表现在女士服装的饰边和装饰中。重装饰的服装显示着社会地位和声望。而女性的运动由于裙撑、紧身胸衣、裙箍和繁重的装饰而受到限制。夸张的轮廓曲线则是通过紧身胸衣来收紧腰部以达到沙漏状。女士们白天穿高领、宽袖和延伸到地板的裙子。这些保守风格的衣着覆盖了身体，到了晚上，领口较低、袖子短、镶花边的露指手套很受欢迎，女士们佩戴奇特的帽子以代替软帽；[①]男子的服装，则与几十年前的大同小异，是正式的、僵化的，延续了保守的趋势。在白天穿着西装，晚上则是燕尾服和大衣。此外，男人还用手杖、礼帽和怀表。

50 年代，由紧身胸衣形成的纤纤细腰和笼子形状的克里诺林（Crinoline）撑起的巨大裙身到达了潮流的顶端。有学者是这样描述 19 世纪中期的女装在各方面对于女性活动的限制的：尽管 19 世纪 40 年代的时髦服装从外轮廓上来看是宽松的，但实际限制着女性的身体。一方面是因为胸衣紧紧挤压着女性的肋骨，另一方面多层的衬裙必然造成裙摆膨大，但最重要的还是袖子的位置，袖子与衣身连接处并不在肩膀上，而是在肩下两到三英寸的上臂处（见图 4-1）。这意味着，由于衣裙上半部分紧紧环绕着腰部，手臂能抬起的高度非常有限。这种下降的肩缝在 19 世纪 60 年代仍然非常流行。

图 4-1 19 世纪 50 年代典型的女服式样

在社会经济繁荣的基础之上，人们开始追求更高的生活质量，尤其是人们对于高品质饮食的追求近乎疯狂。许多中上层阶级甚至不远万里从其他国家进口各种能够带来享受的食材。维多利亚时代的强盛繁荣使百姓温饱之余开始关注"饮茶"，饮茶不仅形成了独特的礼仪规范，而且上升为一种英国文化。围绕着这种下午茶习俗形成了多彩的茶文化，高雅的旅馆开始设起茶室，街上有了向公众开放的茶馆，茶话舞会更成为一种广泛的社交形式。根据前面分析可知，此时的女性服饰在很大程度上限制了女性的活动，巨大的裙撑、窄紧的胸衣为女性们带来了诸多不便。对于悠闲的下午茶时刻来说，这样的服饰显然不能满足女性的需求。过分居家的服饰太显随意，外出的服饰令人紧绷，并且为了一次下午茶似乎也没有必要过早地换上正式的晚礼服。此时，女性们希望能有一件衣服是适合在下午茶时间穿着的，它最好设计精美以保持女性的优雅美丽，同时又易于穿着，以方便活动。茶礼服便应运而生（见图 4-2）。

在茶礼服的整体廓形上，H 形所占比例最高，其次是 X 形，这说明在茶礼服这一特定的服饰中，为了穿着的舒适与便利，以宽松的 H 形为主。茶礼服款式多样，领形以高立

---

① 英国女士礼服的分类有晚礼服、婚礼服、晨礼服、茶礼服、鸡尾酒礼服、外出服、仪仗礼服、丧礼服。

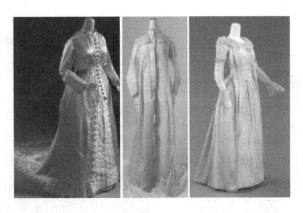

图 4-2　1875—1885 年英国的茶礼服

领、V 领、翻领为主。有些低领口的款式,用蕾丝辅料装饰领部并从衣襟一直延续到下摆环绕至罩裙后侧。袖子整体较为宽松,袖口以不同面料装饰,裙子下摆边缘处有褶皱,部分茶礼服的袖型是羊腿袖,有些袖根部较为膨大,自肘部往下逐渐收紧。臀部造型突出但并不夸张,带有长长的托裾,或者下摆呈美人鱼一样的托裾形式。

4.1.3　维多利亚时期的典型着装——羊腿袖礼服

羊腿袖(Gigot Sleeve)是指一种像羊腿似的袖子,以袖筒和袖笼肥大、袖口窄紧为特点(见图 4-3)。其在袖笼顶部收有收褶,至袖口部呈锥形收缩。早在 16 世纪的文艺复兴时代流行的羊腿袖,这时又一次复活,这种袖根肥大、袖口窄小的羊腿袖与之前流行的款式在造型上有所不同,袖子的上半部呈很大的泡泡状或灯笼状,自肘部以下为紧身的窄袖。这是由于衣裙造型简洁、人们心理上感到单调而采取的一种弥补和对比的做法。

图 4-3　羊腿袖礼服

袖子的造型相当夸张,肩部线条横向延伸,有的甚至在袖根处利用鲸须、金属丝垫衬,或是用羽毛作为填充物。19 世纪 70 到 90 年代,法国时装设计师沃斯将这一款式的高级时装重现在世界大舞台,他在裙身臀部位置用穗饰、活褶、荷叶边等加以装饰,将先前巴斯尔式的袖型改造为手臂上部分扩大的羊腿袖、袖口扩大的喇叭袖、长袖、短袖等(见图 4-4)。

图 4-4　沃斯设计的羊腿袖礼服

4.1.4　代表性设计师及其社交圈

与现代设计的形成时期一致,现代时装设计的形成是在 19 世纪末 20 世纪初。那时法国巴黎超越了意大利以及英国等文化重地,渐渐成为公认的世界时装发展中心。这个欧洲魅力之都,不仅成就了时装设计师,同时也造就了大批时尚的追捧者,并逐一形成繁华的时装商业。而这一切对于现今的我们来说看上去顺理成章,但对于当时的法国人来说却有一丝讽刺的意味,原因是造就整个巴黎时尚繁荣景象的并不是法国人自己,而是一位名叫查尔斯·沃斯的英国人(见图 4-5)。

图 4-5　查尔斯·沃斯　　　图 4-6　沃斯在 Rue de la Paix 的时装屋

1858 年,英国人沃斯在巴黎开设了第一家高级时装店(见图 4-6)。从小就学习纺织、裁缝的沃斯对服装的面料和工艺都十分精通。他的时装店以贵妇人、舞台明星以及有钱的中产阶级为对象,是专门为这些顾客量身定制的高级时装店。每次在服装制作完成时,沃斯总要把自己的名字缝制在衣服上。随着光顾的顾客增多以及贵妇人和明星的宣传,沃斯店的名气越来越大,逐渐声名卓绝,沃斯也成为最早有品牌意识的设计师。同时他也成为引导巴黎高级时装业流行的第一位时装设计师。19世纪70年代,沃斯的名字经常出现在当时的时尚杂志中,他的名声也逐渐从宫廷圈扩大到普通女性群体中。

起初,沃斯通过自己的方式与上流社会有了交集,当时,奥地利的麦太尔尼黑公爵来到巴黎就任驻法大使,公爵夫人梅蒂路尼茜公主正为即将到来的欢迎舞会的着装而发愁。精明的沃斯马上让妻子带着几张专为公爵夫人设计的时装效果图前去拜访。刚到巴黎的公爵夫人为沃斯的高雅品位心动不已,立刻就定购了两套。沃斯使出浑身解数在最短时间内精心制作了公爵夫人的舞会"战袍"。我们无从考证当年宴会上的奥地利公爵夫人是何等光彩夺目、艳惊全场,但是史料上记下了欧仁妮皇后和她的一段对话:"这件衣服是谁设计的?""是一个刚刚立足于巴黎时装界的年轻人。""是吗? 如果是个新星的话,往往实力难测,明天11点请他到这里来!"后面的故事顺理成章,欧仁妮皇后将沃斯领入了欧洲贵族及富豪圈。这让他本人及其时装屋声名鹊起,甚至在美国的杂志上也可以看到他的名字和服装。

4.1.5 时尚代表人物

维多利亚女王亚历山德丽娜·维多利亚是英国汉诺威王朝[①]的最后一位君主,也是英国历史上在位时间最长的君主,在位时间长达64年。当时的女性之所以喜欢将自己打扮得犹如婚礼蛋糕一样华丽,原因之一是工业革命让她们有钱又有闲,原因之二则是受到维多利亚女王着装品位的影响。维多利亚女王在那个时代具有非常大的影响力,她的地位应该是这样的:她拥有比目前英国女王伊丽莎白二世更高的人气,作为女王,人们钦佩她的政治手腕,崇拜她的治国方略;此外,她还拥有已故戴安娜王妃身上的那种梦幻感和亲和力。在帝国臣民的眼中,维多利亚女王不仅是一个合格的君主,也是一个贤惠的妻子和慈爱的母亲。女王对家庭责任和道德的重视感染了那个时代的许多人。像女王一样遵守社会秩序和道德,严谨的生活和做事是那个时代的主旋律。妇女们争相模仿女王裙摆上繁复的蕾丝花纹以及她雍容端庄的气质,这也导致了那个时代的服装从精神风貌上更趋向于保守和典雅,服装上的立领和高腰就是最好的例证。拿破仑三世的妻子是欧洲历史上有名的美人欧仁妮,她活跃于高级社交界,法国宫廷也几乎是以她为中心。她气质优雅,感觉敏锐,对当时的流行影响很大(见图4-7)。

---

① 汉诺威王朝(House of Hanover),是于1692—1866年统治德国汉诺威地区和在1714—1901年统治英国的王朝。

图 4-7　维多利亚女王与欧仁妮皇后

4.1.6　维多利亚时期的色彩流行

维多利亚女王时期是英国工业革命蓬勃发展、不断向外拓展殖民地成为海上霸主、建立"日不落帝国"的时期。在她执政的数年中,英国经历了新古典主义、浪漫主义、印象派等多种艺术风格的流行,而且广义认为维多利亚时代的影响持续到第一次世界大战。在这期间,纺织业得到革命性的发展,19 世纪中叶人工合成染料投入纺织工业生产。当时典型的色彩包括白色、米黄色、黑色、紫色、深红色、蓝色。

1. 白色婚纱

1840 年,已继位三年的年轻女王与其表弟阿尔伯特亲王结婚,携手建立起了大英帝国。按照当时皇室贵族们的习惯,女王的婚纱应该是由织有金银线和镶满昂贵的宝石的华丽面料制成。但是相比其他的皇室成员,维多利亚女王从小生活相对朴素而且很有主见,觉得这种浮夸虚荣的礼服不适合自己女王的身份,便选择了一身白色绸缎、带有蕾丝花边的礼服作为结婚礼服(见图 4-8),恰到好处地展现了维多利亚女王的端庄大气。

当时英国的纺织业和漂染技术还不发达,因此白色礼服的制作成本和维护费用高昂。由维多利亚女王带领起来的白色婚纱风潮很快就在皇室和贵族中间流行起来,公主和贵族家庭的女儿们纷纷穿着装饰白色蕾丝的婚纱举行婚礼。到工业革命后期,纺织业和漂白技术都得到了飞速的发展,普通家庭的女孩子们也有能力购买白色的婚纱,不再高昂的价格使得白色婚纱迅速在欧洲和美国流行起来。

维多利亚女王在选择婚纱时,除了使用来自中国的白色绸缎外,其他的蕾丝、婚鞋的织带都是源自英国的纺织工厂,这大大地带动了当时纺织业的发展。

1854 年,在摄影技术成熟后,伉俪情深的维多利亚女王和阿尔伯特亲王又举行了一场婚礼,并拍摄了这张流传于世的著名结婚照(见图 4-9)。女王依旧选择了一身白色的婚纱,并点缀着华美的蕾丝。

图 4-8　维多利亚女王与阿尔伯特亲王结婚油画及婚纱　　　图 4-9　结婚照片

2. 黑色丧礼服

出席葬礼需要穿着黑色的服装是现代社会的共识，在维多利亚时期也不例外。大约从 14 世纪起，黑色在欧洲社会便被视为死亡和葬礼的象征色彩。至于为什么会是这样，除了宗教上的影响外，还有一种解释是因为黑暗吞灭光亮，正如同死亡剥夺人生命一般，杰西卡·里根（Jessica Regan）如此解释，当然在其余的文明里，服丧着装还有其他的颜色选择，比如白色或者灰色等。但黑色几乎是每一种文明都会不约而同选择的服丧色彩。

一般来说，丧期过后妻子便可以穿上其他的服装，但在维多利亚时期，寡妇们在失去丈夫后几乎就要穿着一辈子的黑色服装。

阿尔伯特亲王于 1861 年逝世，悲痛欲绝的维多利亚女王不止在丧期内穿着丧礼服，就连五年后出席自己女儿的婚礼时也是身着黑色礼服（见图 4-10）、头戴黑色面纱。阿尔伯特亲王去世后，维多利亚女王的服装几乎被黑色承包，这也影响了当时寡妇们的服装选择。日积月累，便有了寡妇们需要穿着一身黑色服装的社会习俗，直至第一次世界大战后才被打破。

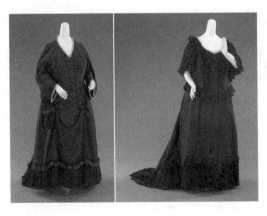

图 4-10　维多利亚女王晚年所穿的丧礼服

这一时期的英国正值鼎盛时期，拥有着全球的海上贸易和众多殖民地。而且当时的医疗条件差，死亡率偏高，因此出席葬礼的次数也不会少。贵族和新富们无时无刻不想向世人展示出自己的财力，因此在丧礼服的选择上也是越华丽越好，而且不乏昂贵的装饰，例如在服装上镶嵌黑宝石、佩戴深色的昂贵首饰等。有钱的贵族和新兴的富裕阶级可以选择穿着各种各样昂贵的丧礼服,而且基本都只穿一次。而普通人只好去购买富人们转卖的二手丧礼服,穷苦的人们只好将其日常服装染成黑色来当作丧礼服穿着。

当时的男性们在丧礼服的选择上就要自由得多,大部分男士只需要在手臂上缠上一块黑布,或者在帽子上缝一块黑色装饰物。如果男子丧妻后又娶了新的妻子,则需要新妻子为去世的夫人服丧。

3. 女装色彩

或许受到了维多利亚时代丧礼服文化的影响,许多人以为维多利亚时代的服装总是暗黑、无色彩的,其实不然。工业革命开始后,纺织业及化工行业取得革命性的进步。1856 年,英国人威廉·亨利·珀金从废弃的煤炭焦油中发现了人类历史上第一个人工合成颜料——苯胺紫,这是一种鲜艳亮丽的紫色,染色工艺简单、不易褪色而且价格低廉。苯胺紫在被发现后的第二年就立刻被投入生产,此后更多的人工化学染料被陆续发现并应用在纺织行业,服装的色彩也因此越来越多样化。

从英国维多利亚与阿尔伯特博物馆和美国大都会艺术博物馆的馆藏服饰中可以看到,维多利亚时期贵族所穿着的服装,由于时间和保存的原因,某些服装的色彩会失真,但依旧可以看出当时的服装色彩十分丰富。如图 4-11 所示为 19 世纪 40 到 60 年代克里诺林裙撑时期的女装。[①]

图 4-11　克里诺林裙撑时期女装

年轻的维多利亚女王时刻要求自己的服装要符合自己的身份,因此偏爱简洁大气的服装。此时的女装,腰线从高腰变成正常腰线,庞大的钟形裙撑开始流行。从博物馆的实物资料中可以看出,此时的女士服装多是单色或者印有碎花的图案。其中黄色系、红色系这类暖色调的服装偏多,也有蓝色系、绿色系这类冷色调的服装,也不乏印有格纹图案、条纹图案、碎花图案的服装。如图 4-12 所示为 19 世纪七八十年代巴斯尔裙撑时期的女装。[②]

1863 年,英国王储阿尔伯特·爱德华迎娶了被誉为欧洲最美公主的丹麦公主亚历山

[①]　http://www.metmuseum.org/art/collection#,美国大都会博物馆。

[②]　https://www.vam.ac.uk/collections/art-deco,英国 v&a 博物馆/英国维多利亚与阿尔伯特博物馆。

图 4-12　巴斯尔裙撑时期女装

德拉（Queen Alexandra）[①]。亚历山德拉王妃在结婚时也延续了维多利亚女王的选择,穿着一身华美的象牙白礼服并佩戴着王子送给她的珍珠项链。由于维多利亚女王沉浸在阿尔伯特亲王的逝世之苦中,常年穿着黑色服装,王储阿尔伯特·爱德华跟亚历山德拉王妃代替女王经常出现在一些正式的社交场合上,美丽的王妃渐渐成为当时的时尚偶像。

一本记录了维多利亚时期服装特色的时装杂志 *La Mode Illustree* 这样形容巴斯尔裙撑时期的服装色彩:主要有淡蓝色、橘色和黑色条纹、黑色、黑色镶边的绿色、紫罗兰色、淡绿色、白金色,而且浅色不止出现在晚礼服中。形容 19 世纪 80 年代的服装时提到了白色与蓝色绸缎的服装、高密织的白色刺绣淡奶色礼服,而且这一时期的服装往往流行两种淡颜色的配色,鲜艳的颜色往往单独出现,如深红、孔雀蓝、苹果绿、皇家蓝、紫色、海蓝色、橘色,还有交叉的格纹图案。而晚礼服的颜色会比日装更加柔和,装饰也会更多、更华丽。

此时,价格低廉的人工合成染料开始应用在纺织业,颜色不再成为影响服装价格的主要因素。紫色作为人工合成的第一种色彩,代表了当时最先进的纺织技术,一时间成为当时的流行色,无论上流社会的贵族还是普通大众都乐意购买并穿着紫色的服装。如图 4-13 所示为 19 世纪末裙撑时期的女装。

维多利亚女王虽然穿着了近半个世纪的黑色丧礼服,但在这一期间英国乃至欧洲的服装业慢慢发生转变,特别是化工染料的普及和缝纫机的发明。此外,许多服装裁缝摆脱了工匠的身份开始成为服装设计师,并以自己的名字建立时装屋,设计师在服装行业中的地位开始提升,如沃斯。

受到亚历山德拉王妃的影响,这个时期的裙撑开始变得轻盈,衣领变高,流行在脖子上装饰一堆珠宝。随着网球、高尔夫球等运动的流行,女性的日常散步服装开始变得更加硬朗,色彩以红棕色、灰色、蓝色等深色居多。但在晚礼服等正式礼服中,依旧流行奢华的裙装。或许是因为化工染料让任何颜色都变得不再稀有,所以贵族女性更喜欢在礼服上配以珠绣等装饰。

---

①　全名亚历山德拉·卡洛琳·玛丽·夏洛特·露易丝·茱莉娅,昵称为阿丽克斯。她是丹麦国王克里斯蒂安九世与王后露易丝的大女儿,英国国王爱德华七世的妻子,英国王后。

图 4-13　19 世纪末裙撑时期女装

4.2　爱德华时期

4.2.1　时代背景

20 世纪初也被称为爱德华时期(Edwardian Era)，当时的审美标准也发生了变化，在历史上以财富和挥霍闻名。这个时期，英国处于极其奢侈和富裕的时间段，"日不落"帝国拥有世界上最大的经济体和军事力量。这是一个充满奢侈品服装、香水、珠宝的美丽年代。在法国，这一时期被称为 La Belle Poqueé，即美丽的时代。高级定制时装在贵族和上流社会中十分流行。

美国的人口主要由世界各地的移民组成。此时的美国涌入了大量来自欧洲的富裕阶层，同时中产阶层出现并日益壮大。种族平等、和平与性别平等是当时美国社会最为关注的问题之一。美国运输业取得了巨大的进步，福特汽车公司开始制造一种低成本的汽车，这是许多美国人可以负担得起的汽车。莱特兄弟发明飞机，促进了航空业的出现。

在文化上，新艺术运动(Art Nouveau)①兴起，包括后印象派、野兽派、立体主义，印象派艺术家，如保罗·塞尚(Paul Cézanne)，凡·高(Vincent Willem van Gogh)，马蒂斯(Henri Matisse)，高更(Paul Gauguin)，毕加索(Picasso)等人。文艺演出、杂耍、电影成为重要的休闲活动。玛丽·碧克馥(Mary Pickford)，蒂达·巴拉(Theda Bara)和查尔斯·斯宾塞·卓别林(Charles Chaplin)成为家喻户晓的电影明星。吸引大量观众的体育运动

---

① 新艺术运动是一场开始于 1880 年的运动，新艺术不是单一的一种风格，它可分为直线风格和曲线风格或装饰性的平面艺术风格，并以其对流畅婀娜的线条的运用、有机的外形和充满美感的女性形象著称。这种风格影响了建筑、家具、产品和服装的设计，以及图案和字体的设计。

出现,包括棒球和赛马,成为上流社会生活的一部分。时尚杂志《时尚芭莎》(*Harper's Bazaar*)开始每月出版,还包括体育报纸和连环漫画等。后世关于这个时代的电影有《威尼斯儿童赛车》《看得见风景的房间》《泰坦尼克号》。

爱德华时期结束不久,第一次世界大战(1914—1918)爆发。最初,这场战争是一场欧洲与俄罗斯、英国和法国对德国和奥地利帝国的冲突战争。后来战争在全球范围内蔓延。1917年,美国宣布参战。这场战争极大地改变了美国在国际舞台上的角色和形象。战争致使数以百万计的男人不得不为国参战,妇女需要填补空缺的工作岗位而开始进入职场。战争结束后,许多妇女辞掉工作回归家庭,一些妇女则继续工作,促进女权运动的萌芽,成为后期欧美国家文化的一部分。

在战争期间,政府致力于科学和工业的发展,以促使战争的胜利。战争结束后,这些发展便运用于制造业。技术的革命促进了工人阶级内部的变革。更多的机械被用于纺织和服装生产,并为成衣(Ready to Wear,RTW)产业的出现奠定了基础。人造面料和拉链的发明迎合了大众市场的需要。

高级时装设计师成为一个创造和支配时尚力量的角色。设计师的作用类似艺术家,受时代精神的影响。电影对普通观众产生了巨大的影响。演员穿着的服装款式不只是影响观众而是整个社会。在大屏幕上看到的现代风格被公众模仿和复制。在第一次世界大战结束时,很明显,社会正在发生变化,世界政治中心发生了转移,文化态度也发生了变化,一个新的现代女性的形象出现了。

4.2.2 爱德华时期的流行

爱德华时期开始了一个全新的时尚态度,即偏爱成熟的女性造型,强调丰胸细腰。女性的廓形是 S 形。骨架制作的紧身胸衣,收紧腹部和创造一个前直、后翘的臀部,裙长延伸到地板上。这一时期的早期,男装是矩形廓形,不强调腰围线,衬衣、条纹长裤和大礼帽作为正式服装。其间,男人的风格变得更轻松,并开始穿花呢夹克和条纹西装作为休闲的穿着。裤子变短,被称为短裤(Knickers),是为了适应如骑自行车类的运动。军用防水短上衣在战争年代也被引入,作为一种基本款式风格。相同的外套,在今天的时尚领域仍然可以看到。

巴黎被视为时尚的发源地,当时的设计师保罗·波烈(Paul Poiret)通过引入窄底裙的阿拉伯式服装轮廓从根本上改变了廓形的流行。女士们脱掉紧身胸衣,换上融合了东方文化和西方文化的亚洲风格、希腊风格、头巾、灯笼裤、和服风格的服装,如图 4-14 所示。这些服装款式宽松,面料轻盈,颜色明亮。设计师马瑞阿诺·佛坦尼(Mariano Fortuny)创造的新型褶袍色彩丰富。保罗·波烈、马瑞阿诺·佛坦尼成为当时高级时装界的领导人物,如图 4-15 所示。

1915年,因战争造成的物资匮乏,裙子和外套的长度集中在脚踝以上和小腿中部以下,装饰被简化,实用性取代了早期奢侈的审美。女性也开始广泛地参与体育运动,如自行车、体操、网球和游泳,出于运动的需要女性开始穿着裤装。战争期间,时尚几乎没有什么利润。许多设计师在战时关闭了他们的业务。工作妇女需要的衣服都是为了更好地适应战时工作的服装,基本都是简单的衬衫、实用的外套。

图 4-14　保罗·波烈的窄底裙　　　　　图 4-15　马瑞阿诺·佛坦尼的新型褶袍

4.2.3　爱德华时期的着装特点——S 形

19 世纪末到 20 世纪初,欧洲资本主义从自由竞争时代向垄断资本主义发展。帝国主义之间相互争夺市场和殖民地的矛盾日益尖锐,最终爆发了第一次世界大战。但大战前这二十多年间,欧美各国经济发展很快,一般把这一时期称为"过去的好时代"。人们陶醉在大战前那短暂的和平世界里。

艺术领域出现了否定传统造型样式的运动潮流,这就是所谓的"新艺术运动"。其主要特征是流动的装饰性曲线造型。受新艺术流动曲线的特点影响,这个时期的女装外形从侧面看也呈优美的 S 形。女装的重点从裙子转到袖子,纤细、紧束的腰围仍被认为是完美的造型,裙子上不再镶有膨鼓的饰物、垂花装饰、波浪花,娴熟的裁剪技巧使裙子平滑地越过臀部斜拖到地面。但是,各种镶边并未绝迹,所有镶边类型中花边最为流行,如图 4-16 所示。

图 4-16　S 形服饰

4.2.4　代表性设计师及其社交圈

1. 保罗·波烈

20世纪初,世界经济、文化、意识形态都在发生空前的变化,新的生产方式和生活节奏带来了各领域里的革命。世界在大踏步地前进。这一时期服装的一个显著标志是:款式大起大落,它亦标志着新旧世界的矛盾与冲突。这是一个动荡不安、令人困惑的时代,也是一个生机勃勃、激动人心的时代,不管怎么说,到20世纪,沃斯的光辉不得不趋于暗淡,20世纪的世界等待着、孕育着新的时装大师和他们所带来的思维与艺术的革命。

保罗·波烈,这位充满幻想的时装大师1879年4月生于巴黎,他在巴黎度过了最辉煌和最惨淡的时光(见图4-17)。保罗·波烈年少时对文学、戏剧有着浓厚兴趣,不断寻找机会结识艺术家,也常常溜进时装发布会场,默默地欣赏当时的流行服装。不久之后,保罗·波烈到一家雨伞工厂工作,他收集起废弃的绢布片,试做了第一件东洋风味的服装。同时他开始绘制服装设计图,他的设计被一位女服装师购去,并约定继续购买他的设计,这大大鼓舞了波烈在这一领域发展的决心。

图 4-17　保罗·波烈

二十岁那年,保罗·波烈的才华得到了巴黎著名时装设计师杜塞的赏识,他被聘为杜塞的特约服装设计师。对此,杜塞的职员、模特儿,甚至他的父亲都不以为然。但是,杜塞是一位有远见的师长,他也是印象主义绘画和非洲木雕的收藏家,他还送波烈到一个好裁缝那儿学手艺。波烈为杜塞设计的第一件作品"赤罗纱斗篷",一上市就被销售一空,这一成功的事实改变了同事们的看法。此后,波烈更加刻苦地学习设计,杜塞也常常修改他的设计稿。这一时期,波烈的内心开始煽起了服装"革命"的梦想之火。不久,波烈离开杜塞,应召入伍。服役结束后,他到沃斯兄弟的时装店工作,最终因观点不合而分道扬镳。

东方风格的、浪漫主义的或者新古典主义的,这一切都基于这位设计师丰富的设计思想与天生的趣味:一方面,保罗·波烈痴迷于古希腊与文艺复兴时期的艺术风格;另一方面,他为东方各民族的艺术特色所倾倒。他曾经访问过俄罗斯,为莫斯科浓郁的东方色彩所吸引,并对古代美索不达米亚、阿拉伯及土耳其的服装充满兴趣。在保罗·波烈设计的服装中,我们总是隐约可以找到古罗马裙袍、日本和服、中国旗袍、阿拉伯长裙、印度纱丽等的痕迹;而他还开创性地设计了胸罩、单肩睡衣和灯笼裤等(见图4-18)。这种糅合了诸多艺术元素及浪漫风格的现代服装,与极端理性的、内敛低调的现代风格(比如Coco Chanel的黑色小礼服)形成鲜明的对比,尽管后者已经成为现代穿着的最佳典范。

保罗·波烈的设计方法是非常现代的,因为其手法是自然的:他通过宽松平直的T形连衣裙把被紧身胸衣箍紧的女性解放了出来。他塑造了一种更符合20世纪精神的新的理想形象:一种纯真纤长的少女形象,这与19世纪末沃斯所塑造的丰满成熟的S形女性形象是截然不同的。这种新的手法是在胸部采用抽褶或打褶的方法自然处理,抛弃了

图 4-18　保罗·波烈充满异域风格的作品

过去对胸部的固定,使腰线自然下降,最低可达臀部。或者也会采用多层下摆的裙子,裙的下摆线成为腰线的替代,使视觉中心下移。研究发现,腰线的下移是为了强调腹部,这也意味着服装的视觉中心从成熟女性高耸的胸部转移到少女平坦的腹部。这是一种全新的审美观,符合新时代的发展;同时也是一种更符合事物本质的审美,因为这是建立在以人为本的审美理念基础之上的。

　　然而,保罗·波烈的设计并不是极端或泾渭分明的,其更多的是基于女性化的和真实的。风格对于保罗·波烈来说是可以改变的,某些时候甚至是非常独特的,因为其可以依据个体特征去改变风格并且无视主流的趋势。

　　波烈式的典型轮廓是没有接袖的连袖式或插肩袖,采用宽松平直的直线条,不强调腰线或腰线下移,以及中国旗袍式的臀部放宽、下摆收拢,两边开衩的样式;而其更为著名的是被称为"蹒跚裙"的款式,愈发收紧的下摆,穿着后只能迈小步走路。甚至外套也受到了这种极端裙式的影响,造型接近日本和服,中间宽松两头削窄,如陀螺一般。如图 4-19 所示。

　　蒂妮斯·波烈是保罗·波烈的妻子,也是他生命中独一无二的缪斯,对他的成功起到了至关重要的作用。这个大胆而高挑的女人可以自信地穿起那些惊世骇俗的时装,并且她的展示使时装看起来完美无瑕(见图 4-20)。

图 4-19　保罗·波烈的设计手稿和 Aquascutum 2008 秋冬款

保罗·波烈继续把艺术和商业结合,并于 1911 年冒险进入了香水行业。当然,不仅仅是这些,他与室内设计师的交往使其成为生活方式营销的先驱,那些追赶潮流的贵妇们不仅身披保罗·波烈的衣服,并且梦想在家居中统统布置上保罗·波烈风格的图案装饰。这一切使保罗·波烈的产品达到了前所未有的装饰艺术效果,充满了异域风情(见图 4-21)。

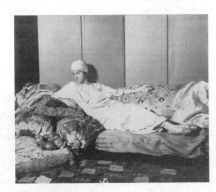

图 4-20　蒂妮斯·波烈　　　　　图 4-21　保罗·波烈风格的家居装饰

保罗·波烈丰富的艺术思想及对艺术特质的深刻尊重,构成了其事业发展的基石。与今日的服装工业相比,保罗·波烈的浪漫主义思想以及他所推崇的高品质的定制店,具有更为浓郁的幻想和个人主义精神,也令人倍加怀念那个逝去的优雅时代。

2. 马瑞阿诺·佛坦尼

马瑞阿诺·佛坦尼,1871 年 5 月 11 日出生在西班牙格拉纳达的一个艺术家庭(见图 4-22)。年轻的时候,佛坦尼表现出了极大的绘画天赋和对纺织品的热爱。佛坦尼最出名的成就就是在时装设计领域,他的妻子亨利埃塔(Henrietta)是一位经验丰富的裁缝,她帮助佛坦尼完成了许多设计作品。他们威尼斯的家中装饰了许多他父亲收藏的艺术品以及各种能启发他的艺术品。佛坦尼从过去的风格中汲取了灵感,这些灵感多来自希腊女性轻盈的服装,这些衣服紧贴着身体,突出了女性身体的自然曲线和形状。

图 4-22　马瑞阿诺·佛坦尼　　　　图 4-23　Delphos Gown 礼服

佛坦尼一反当时的流行风格,设计创造了 Delphos Gown 礼服(见图 4-23),这件礼服运用丝绸材料,因此衣服会随着身体而摆动。他所使用的褶皱都是手工制作的,没有人能够重现他的作品,或者像他的衣服一样很多年后造型依然不变。佛坦尼因 Delphos Gown 褶皱服装而出名,玻璃质的慕拉诺岛(Murano)珠串联在丝线上沿着服装的每条边进行缝合,既起到了装饰的作用,又可以确保服装的外形不受影响。

他还用古老的方法为他的织物制造染料和颜料。他开始用他自己制作的带有纹样的图案印在天鹅绒和丝绸上,他的衣服现在被认为是精美的艺术品,许多博物馆和收藏家纷纷收藏。

4.2.5　爱德华时期的色彩流行

维多利亚中后期和爱德华时代被誉为英国的黄金时代,也是欧洲在第一次世界大战前的黄金时代。爱德华时代只持续了短短的十年,但服装的变化十分明显,束缚了欧洲女性的紧身胸衣开始消失。这个时代渐渐地摒弃了原有的紧身胸衣和裙撑,女装开始变得轻盈。保罗·波烈、马里亚诺、Lucile、Liberty&Co 等设计师和时装屋活跃在时装的舞台上,引领风潮直至两次世界大战。当时典型的色彩为米色、金黄色、粉色、浅紫色、淡蓝色、浅绿色。

图 4-24　亚历山德拉皇后

1. 亚历山德拉皇后(爱德华时期的时尚代表人物)

亚历山德拉皇后(Queen Alexandra)(见图 4-24)因为脖子上有手术的伤痕,所以喜欢穿高领衣服并佩戴一层层的项链,最典型的就是她在爱德华七世冠冕大典上所穿着的衣饰:浅黄色的薄纱裙子上点缀着许多亮眼的宝石,脖子上还佩戴好几层的珍珠、钻石项链。这一身闪亮的装扮立刻成为当时的潮流,被女性争先模仿。爱德华时期的女装也因此开始变得更加闪耀,富有的女性们为了彰显自己的身份,在裙子上绣满奢华的珠绣,整体上的感受比维多利亚时期更加的耀眼(见图 4-25),在服装色彩中普遍以能够衬托出珠绣、蕾丝等装饰的浅色居多。

图 4-25　爱德华时期女装

2. 保罗·波烈的设计用色

对于 20 世纪初女装造型影响最重大的设计师莫过于保罗·波烈。波烈在沃斯的时装屋学习后,于 1903 年左右在伦敦开设了属于自己的时装屋,并于 1906 年摒弃了文艺复兴以来束缚女性好几百年的紧身胸衣。波烈革新了当时时装中的色彩概念,他认为衣服是火和愉悦的结合,所以他偏向使用充满活力的色彩,譬如深紫色、亮红色、橙色、淡绿色等(见图 4-26)。波烈从中东阿拉伯国家及印度汲取灵感,设计出的衣服完全颠覆了女装原有的款式,色彩鲜艳、款式宽松,对比鲜明,对当时的女装产生了深远的影响。

图 4-26　保罗·波烈的设计

此时沃斯时装屋已经在欧洲具有一定知名度,主要为贵族服务。从美国大都会博物馆收藏的服装中可以看出,这一时期的服装中还存在着传统的紧身胸衣的设计,但是也出现了波烈风格的时装(见图 4-27)。沃斯的用色不如波烈那么年轻、艳丽,在新式服装中多是饱和度偏低的色彩,相比之下更加低调、华贵。

同时期的还有 Fortuny、Liberty&Co、Jacques Doucet 等时装屋和设计师,都受到了波烈的影响,而且十分具有个人风格。Fortuny 的服装(见图 4-28)与保罗·波烈一样受到来自中亚文化的影响,不强调腰线,但是色彩相对更加柔和。Jacques Doucet(见图 4-29)的早期设计作品不多,但可以明显看出受到了波烈高腰设计的影响,而且也秉承着爱德华时代的特点——闪闪发亮的珠绣装饰。在美国大都会博物馆中关于

图 4-27　沃斯时装屋的设计

Liberty&Co 时装屋(见图 4-30)的藏品几乎都是斗篷状的,有许多件颜色各异、华美的礼服斗篷,也有斗篷、礼服二合一的设计。这也是当时的贵族女性在社交场合中的一种着装风尚。Liberty&Co 时装屋的服装色彩以浅色的黄色系和白色居多,还有绿色、紫色、蓝色等色彩。

图 4-28　Fortuny 时装屋的设计　　　　图 4-29　Jacques Doucet 时装设计

图 4-30　Liberty&Co 时装屋的设计

4.3　20 世纪 20 年代

4.3.1　时代背景

20 世纪 20 年代的欧洲,国家和政府在战争中进行了革命性的变革。在俄国,沙皇的专制已被推翻。在意大利,墨索里尼建立了法西斯独裁统治。第一次世界大战过后,以美国为首又一次掀起了世界范围内的女权运动,导致女性在政治上获得与男性同等的参政权,在经济上职业而独立的女性越来越多。这种男女同权的思想,在 20 世纪 20 年代得到强化和发展,女装上出现了否定女性特征的独特样式。尽管因战争的创伤,各国经济均处于低谷,但从残酷的战火中幸存下来的人们狂热地追求和平与欢乐,过着纸醉金迷的颓废生活,社交界各种舞会盛行,交际舞在战前就流行的探戈的基础上,加上歇斯底里般的爵士舞和飞快旋转的查尔斯顿舞(Charleston)。电影《了不起的盖茨比》就是以此为背景,重现了当时的生活。

在 20 年代,女性在公共场合唱歌、吸烟、饮酒、化妆已经被社会所认可。妇女争取平权,并开始拒绝社会规范,拒绝在社会中扮演有限的角色和行为模式。美国宪法的第十九次修正案赋予妇女投票权。新女性追求自由、不羁、享乐,她们喜欢爵士音乐、新风格的舞蹈和服装。

随着第一个商业电台广播在 1920 年出现,新媒体迅速在全国各地传播。收音机主要出售给家庭使用,给公众提供免费的音乐、娱乐和体育资讯。随着广播电台和广告的出现,被万宝路香烟采用的牛仔的市场形象和万宝路男人成为当时那个年代的美国偶像。

娱乐方面,默声电影早已成为日常生活的一部分,渐渐地被电影业的最新有声电影所取代。电影带来了视觉上的享受和精神上的快乐。女演员的化妆方式、发型和服装都被复制到全国各地。

20 年代末,繁荣的局面开始改变。欢乐愉悦的生活态度因蔓延的全球金融危机而变得严肃起来。随着 1929 年股市的暴跌,这个过分发展的时代戛然而止。在时尚预测中,重要的一点是,几乎所有激进的趋势终会逝去,20 年代的流行演变验证了这一点。

4.3.2　文化运动的兴起

装饰艺术运动是活跃于 20 世纪二三十年代的一场设计运动,它起源于美术领域,并在建筑、家具、纺织品和服装方面影响颇深,它以面向工业、回归自然的思想引领世界潮流。在设计特点上,装饰主义运动主张从传统艺术和设计中吸取创造元素,并提倡机械美学和趋于简洁的几何形态设计,用直线、曲线等相反要素的再次结合创造出新的简洁明快的现代感图案。20 世纪 20 年代的服装图案极大地受到装饰艺术运动的影响,直线形、现代感的特点颇为突出。当时的装饰艺术运动风格受埃及等古代装饰风格及原始艺术的影响,对埃及纹样、自然图像和与古代文化相关的几何纹样十分青睐,这在当时的服装织物纹样上均有所体现(见图 4-31)。

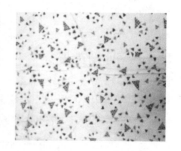

(a)装饰艺术运动风格的礼服面料纹样　　　　(b) 20世纪20年代几何织物纹样

图 4-31　装饰艺术运动时期的面料纹样

20 年代的女装时尚经历了一场天翻地覆的改革。"轻佻的女子"(Flapper girls)形象是这个年代女性的潮流,更是一个文化符号。有思想的女人们从 20 世纪初的淑女观念中挣脱出来,更加追求中性化乃至男性化的着装风格。浓重的妆容更是凸显她们反叛的着装风格,她们也不介意在公共场合补妆。她们挥舞着香烟,露出手臂,在爵士吧里放肆地跳舞,这就是那个纸醉金迷时代的最佳诠释(见图 4-32)。

20 年代同时又被称为爵士年代。音乐行业蓬勃发展,路易斯·阿姆斯特朗(Louis Armstrong)和艾灵顿公爵(Duke Ellington)的爵士乐拨动了每个人的心弦,成为这一时代的音乐灵魂(见图 4-33)。艺术方面则受到了"装饰艺术"的洗礼,城市与工业发展显示了对 20 世纪机械文明的崇拜,各大城市大兴土木,摩天大楼如雨后春笋般出现。著名建筑师赖特(Frank Lloyd Wright)以及包豪斯(Bauhaus)设计公司开始大胆地在室内外设计中采用重复线条以及曲线形设计。建于 1926—1931 年的纽约克莱斯勒大厦是一个典型的装置艺术建筑,至今大多数的当代建筑师仍认为克莱斯勒大厦是纽约市最优秀的装饰主义建筑。服装设计也逃不了这场改革风暴。风靡一时的短款裙子和宽松的轮廓都来源相似的建筑理念,包括粗犷的建筑线条、四方形设计和倒三角造型。

图 4-32　"轻佻的女子"形象　　　　图 4-33　艾灵顿公爵爵士乐队

4.3.3　轻佻优雅的风格回归

　　新时代的女性逐渐大胆地追求新的生活方式,把自己打扮得十分漂亮,经常出入时尚的舞厅和咖啡厅,过自己想要的生活,打破了传统道德的束缚,不再甘于贤妻良母的家庭生活。自由、舒适的体验成为女性服装设计和流行的关键。这改变了几百年来由男人的眼光来评判女性服饰的习惯。服装设计的原则也由人适应服装变为服装适应人。

　　"轻佻女子"是对抽烟、喝酒、跳查尔斯顿和狐步舞的年轻女孩的绰号。已经走出闺房的新女性们冲破传统道德规范的禁锢,大胆追求新的生活方式,过去丰胸、束腰、夸张臀部的强调女性曲线美的传统审美观念已经无法适应时代潮流,人们开始走向另一个极端,即否定女性特征,向男性看齐。于是,女性的第二性征胸部被刻意压平,纤腰放松,腰线的位置下移到臀围线附近,丰满的臀部被束紧,变得细瘦小巧,头发剪短至男子头发的长度,裙子越来越短,整个外形呈现为"管子状"(Tubular style)。时髦女郎穿着流苏和珠子装饰的无袖衬衫,行动自如。女郎们剪得非常短的男孩子气的发型叫 BoBo 和 Shingle。在短发流行的同时,钟形女帽(Cloche hat)诞生。这种帽子可以让女性把短发藏在帽子里。妆容方面,明亮的胭脂和大红唇是首选,以薄眉为主。几乎所有的珠绣晚礼服都用到了雪纺、柔软的绸缎、天鹅绒、塔夫绸。配饰多为耳环、珍珠项链、手镯等,如图 4-34 所示。

图 4-34　20 世纪 20 年代"轻佻女子"

4.3.4　代表性设计师及其社交圈

　　第一次世界大战后经济的繁荣、交通的便利、技术的进步为法国高级时装业的迅速成长提供了沃土,引导女性服饰流行的巴黎高级时装业也在 20 世纪 20 年代达到了鼎盛时期,并出现了一大批拥有自己品牌的设计师。他们的成功不仅标志着巴黎高级时装业的繁荣,同时也引领了法国女装甚至世界女装的发展。

　　1. 可可·香奈儿

　　在 20 年代最具有代表性的女装设计师之一是可可·香奈儿,她原名是加布里埃·香奈尔（Gabrielle Chanel），她的出现标志着法国时装业的成熟。香奈尔的风格更加注重服装的典雅气质和精致剪裁，而不是虚有的炫耀财富和地位。她将 Flapper 的风格巧妙地融入自己的设计中，主要采用基本色调（黑色、深蓝色、奶油色和白色），面料则主打柔软的针织材质，以及弱化腰线的设计。香奈儿更加强调衣服的舒适性和实用性，这可谓时代性的改革。同时，香奈尔设计的黑色裙成为后来许多知名设计师的灵感来源和效仿范本。

1910 年，香奈尔在巴黎开设了帽子店，因其帽子设计简洁明快，与当时的直筒型女装十分搭配，而名声迅速扩大。她于 1915 年创办了"香奈尔时装店"，同时进入巴黎时装界（见图 4-35 和图 4-36）。

图 4-35　香奈尔在法国比亚里兹的
第一家时装店

图 4-36　1918 年巴黎康朋街 31 号的
香奈尔精品店

香奈尔坚持独立、积极健康的设计理念，其作品款式多简洁高雅，在不失女性特征的同时又有男性服饰的影子。她顺应第一次世界大战后的时代特点，把男子的毛料针织衫和女性原有的短裙相结合，为女性带来了新的男衣女穿的样式，使女装摆脱了烦琐的造型。她的时装包括直线剪裁的裙子、衬衫、夹克衫等，最有代表性的是休闲套装及小黑裙，这两件作品至今仍在流行并保持着原有的特征。小黑裙是香奈尔于 1926 年发布的精品时装，该款式有"百搭易穿、永不失手"的声誉，它的整体造型摆脱了宽檐帽子和较窄的裙摆，裙子的长度刚刚到膝盖，设计中透露着纤细和帅气，赋予女性一种全新的自由（见图 4-37）。

香奈尔的休闲套装同样拥有很高的声誉，她设计的长度及膝的宽松套装是女装发展史上的一个重大转变。套装上衣的开衫线条细长，衣身和裙子的分界线降到了臀部以下，忽略了腰线，整体造型简洁、色彩单纯，充满着时代气息，是新时代女性的标志（见图 4-38）。香奈尔高雅、简洁的设计风格与 19 世纪的保守和传统形成了鲜明的对比，不仅体现了女性的高贵、雅致，也体现了女性简单、干练的特点。

服饰搭配方面，香奈尔特别厌恶夸张复杂的装饰品，"在她眼里，那根本是多余的，而且是女人想要成为男人玩物的象征"。她鼓励女性确立坚强自主的地位，打破传统的贵族与平民的界限，设计简单的人造宝石配饰，把装饰品的功能单纯化，忽略其显示身份地位的符号功能。香奈尔是 20 世纪 20 年代巴黎时装界的女王，她创造了这个时代的风格，成为时尚界的领袖人物。

图 4-37　1926 年香奈尔小黑裙手绘图　　　图 4-38　1928 年身穿休闲套装的香奈儿与西敏公爵

　　鲜明的个性使香奈尔的私生活也充满迥异的色彩。自从意中人 1919 年死于车祸后，围绕这位奇特聪颖的贫家女子的总是显赫的人物。香奈尔与流亡法国的俄国沙皇亚历山大二世长子的爱情使她的设计充满情调，继而同英国首富威斯敏斯特公爵（Duke of Westminster）①保持了六年情人关系，这期间是她设计中的"英国时期"。30 年代后，年已五旬的香奈儿，其容貌和事业都达到完美的境地，她被频频邀请出席宴会，香奈尔出席的各种社交场合都被人们视作一种恩赐。许多著名艺术家都成为她的挚友，如毕加索、斯特拉文斯基、保罗·伊比利、狄亚格列夫、海明威、雷诺阿、莫朗、达利、高德温等（见图 4-39 和图 4-40），她扮演着新世界的缪斯，一个漂亮、风流的女名人，其事业、魅力和逸闻都是记者穷追不舍的内容。柯丽特说："她是一头小黑公牛"。法国作家萨西这样描写她："当她一出现，就被她的娇小身影而吸引，她很苗条，有着浓密的乌发，眉毛靠得很近，小巧的鼻子和深色的眼睛，她几乎总是穿着同样的打扮，非常简朴和不同凡响的黑色。她总是把手插在口袋里开始谈话，她讲话快而断断续续；她给人的印象是既不胡思乱想，也不轻易被偶发的思绪干扰而放弃自己的目标……"

图 4-39　香奈尔注视着法国插画家　　　　图 4-40　香奈尔与达利
　　　　　保罗·伊比利

---

　　①　第二代威斯敏斯特公爵（Duke of Westminster）休·理查德·阿瑟·格洛斯芬诺（Hugh Richard Arthur Grosvenor），英国贵族，是香奈儿的情人之一。

2. 简奴·朗万

简奴·朗万(Jeanne Lanvin)于1890年开设了帽子店并同时推出了女装和童装,于1909年推出高级女装,到20世纪20年代又成立了从家居装饰到男装、皮草、内衣、香水的专卖店(见图4-41),1925年朗万的员工已经超过800名,20年代可谓朗万的事业巅峰期。时代的烙印在她的设计中清晰可见,夸张、独特且奢靡,服装充满了精致的装饰和独特的刺绣。1926年,她又开设了男装部门,打开了高级时装店经营男装的先河。惟妙惟肖的刺绣装饰成为她最具代表性的设计风格,也是20世纪的一个重要时尚元素。

图 4-41　1924 年创立的朗万香水海报

朗万的设计风格优雅而浪漫,她喜欢从各个时期的艺术品、绘画和建筑中找寻设计灵感,其中以绘画为题材的"绘画女装"十分出名。

她设计的代表作连衣裙上半身收紧,下半身呈半抛形微微蓬起,接近于一字领的开领,长度在膝盖或膝盖以下位置,全身装饰优雅高贵,装饰的图案以几何形或植物纹样为主,体现浪漫的服装风格(见图4-42)。朗万服装所使用的面料多种多样,有丝绸、网眼布、蝉翼纱等。她对装饰有独特的方法,尤其在绣花和印染方面。她的衣服上常有珠绣和镶嵌补花的装饰。拥有自己染色厂的朗万创造了"朗万蓝"(Lavin Blue)。其服装巧妙的色彩搭配总给人一种女性味十足的感觉(见图4-43)。

图 4-42　朗万 1927 年设计的连衣裙

图 4-43　"朗万蓝"

4.3.5 时尚代表人物

随着无声电影的式微,有声电影时代的来临,新生的电影明星开始成为大众推崇的偶像,包括 Flapper 鼻祖克拉拉·鲍(Clara Bow),这位"It Girl"(时髦女郎)可谓 20 世纪 20 年代的性感女神和时尚偶像。当时叱咤风云的偶像还包括第一位黑人明星约瑟芬·贝克(Josephine Baker),好莱坞影星葛丽泰·嘉宝(Greta Garbo)和歌手玛琳·黛德丽(Marlene Dietrich),这些女明星们可谓 20 年代的时尚典范。

1. 克拉拉·鲍

克拉拉·鲍(Clara Bow)是好莱坞影史上首个打性感牌的女星,25 岁时就已拍了 48 部电影,算是默片时代的顶梁柱明星之一。克拉拉·鲍是当时最前卫的时尚人物,即使放在今天也绝对是非常抢眼的时尚榜样(见图 4-44)。一头蓬松自然的短卷发搭配上超大尺寸蝴蝶结的造型如今还梦幻般地活跃在当下的 T 台上,甜美性感、美艳妖娆的外表表现出克拉拉·鲍侵略性的个人风格,无愧"It Girl"的称号。同时,她在银幕下的私生活则更加引人注目。亮丽外形下包裹着一颗躁动的心,传言说克拉拉·鲍与贾利·古柏(Gary Cooper)、约翰·韦恩(John Wayne)等多位好莱坞流氓大亨有染。克拉拉出演的摩登女郎形象比之前的摩登女郎更开放、野性、大胆,成为当时许多女孩的榜样,女孩们希望自己也能活得更大胆、更出格。人们活在不分昼夜的精彩中,通过刺激和活跃的能量释放获取极大的自我存在感,尤其是独立自主的女孩们,用纵情享乐的叛逆去嘲讽稍纵即逝的此时此刻。

图 4-44　克拉拉·鲍及其在电影 *It* 中的经典造型

克拉拉·鲍是 20 世纪二三十年代公认的大众偶像,女人们争先恐后地模仿她的造型和服饰,化妆师 Pat McGrath 用这样的话来描述这个神奇的女人:红黑色的唇,极细的眉毛,立体几何形状的眼影以及对比强烈的用色。克拉拉·鲍用自己别具一格的妆容和态度教会了那个时代的女性如何让男人心甘情愿地说"是",这样巨大的影响甚至一直波及了崇尚个性自由的 60 年代。

2. 葛丽泰·嘉宝

葛丽泰·嘉宝(Greta Garbo)是 20 世纪 20—40 年代好莱坞红极一时的传奇女演员，更成为从无声电影到有声电影成功转型的例子之一。葛丽泰·嘉宝以其独特的神秘冷艳之美深深震撼着世人，蓝色的眼睛洋溢着一种忧郁浪漫的情调，和葛丽泰·嘉宝合作过的所有导演和摄影师都认为她是他们梦想中的文艺复兴女神，有着一双过去和未来最美的眼睛。虽然相貌与演技都堪称完美的葛丽泰·嘉宝未曾获过奥斯卡最佳女主角的殊荣，但在人们心中葛丽泰·嘉宝早已是当之无愧的无冕女王。而葛丽泰·嘉宝于鼎盛之时退出好莱坞、独自生活到老的传奇一生也使得她成为好莱坞最神秘的女明星之一。

葛丽泰·嘉宝在《茶花女》中扮演的女主角深入人心，她在电影中清纯可人的造型也为电影加分不少(见图 4-45)。她独特的眼神加上卷翘的睫毛实在美得令人惊叹，她是那个时代的女神。她雕塑般的线条，弯月的拱形眉毛，曲折分明的薄薄的嘴唇，完美的眼线以及长长的睫毛成了当时女性化妆造型的模仿对象。

图 4-45　葛丽泰·嘉宝在茶花女中的造型

3. 玛琳·黛德丽

在纸醉金迷的时尚记忆里，代表着典雅与性感完美融合的玛琳·黛德丽(Marlene Dietrich)永远以一派黑白的氤氲情调叙述着自己的绝代气质，糅合了暧昧的双性魔力的她不仅彻底颠覆了人们对"尤物"的概念，还有力地批驳了以康德为代表的男本位思想，更引发了当时崇尚中性魅力的热潮(见图 4-46)。有着和葛丽泰·嘉宝一样完美容貌的玛琳·黛德丽更给人一种妖娆妩媚的感觉，薄薄的嘴唇透出性感，冷艳的气质让人痴迷。

20 世纪 20 年代充斥着叛逆、奢侈、混乱、探索的气息，人们活在独特的社会大背景下，这对当时的时尚偶像也起到了格外重要的影响；摇摆不定的局势赋予了社会动荡、癫狂、及时行乐的迷醉气息。她们在银幕前温柔可人的形象，重新树立起了第一次世界大战后社会的审美标准。极细的拱形眉毛、弯弯翘起的睫毛以及时髦活泼的卷发造型都使得当时的社会大众女性为之跟风。

图 4-46　玛琳·黛德丽

4.3.6　20 世纪 20 年代的色彩流行

1918 年,随着德、奥等同盟国的失败,第一次世界大战结束。这场战争中,欧洲遭受了史无前例的损失和创伤,资本主义世界的经济文化中心慢慢地从英国转向大洋彼岸的美国。战争带来的社会变革使得女性开始寻求新的社会地位,女装发生了巨大的改变,在色彩上也越来越多样化。

1. 简单化的日常装扮与经典色彩

当时的经典色彩为黑色、米白色、黄色、蓝色、红色。虽然战争带来了难以抹平的悲伤,但也带来了社会的变革。紧迫的战争推动着科技的革新,社会上匮乏的劳动力使得女性们纷纷投入职场工作,这也为 20 世纪女装的发展奠定了变革的基础。在日常外出服装中,女装渐渐开始男装化,女人们为了更方便工作和生活,在日常装扮中抛弃了那些浮华无用的装饰,缩减了裙子的长度和围度,让自己能够更好地活动;而且在色彩上也更多地使用耐久的黑色、深棕色等色彩;时髦的姑娘们会鼓起勇气剪去长发,留着一头齐耳的“假小子”短发,此时最具代表性的形象就是香奈尔女士(见图 4-47)。

图 4-47　20 世纪初香奈儿女士的生活照片

此时的香奈尔还是一位年轻美丽的姑娘,刚刚在时尚界展露才华。眼光独到的香奈尔因为出生贫穷,所以她渴望跻身上流社会,但又难以认可此时贵妇们偏爱的奢华、矫饰的打扮。

富有个性的香奈儿总是偏爱穿戴自己制作的帽子、自己改良过的外套以及裤装出席社交场合,一身简单朴素的深色装扮在众多华贵的女性中显得格外突出。在成立了自己的时装屋后,香奈儿依旧坚持着这种男性化装扮的女装风格,并且慢慢被上流社会的女性们接受。特别是在第一次世界大战后,这种简单利落的装扮成为欧洲女性的潮流(见图 4-48)。

图 4-48　20 世纪 20 年代的日常服装

此时的女装虽然在款式和装饰上都趋于简单化,但受到装饰艺术运动的影响,在装饰图案和色彩搭配上十分多变,简洁明快的色彩和几何图案是这一时期装饰风格的主要特点,也广泛地运用在女装中,十分符合当时女性所要表达的那种年轻、活力、充满朝气的生活状态。日常服装中以深色冷色调或者无色彩的米色调、黑色调居多,如图 4-48 所示的左边五套服装中的装饰图案明显受到装饰艺术运动的影响,颜色简单的服装上点缀着显眼的亮色几何装饰;中间的三套黑色套装来自香奈儿时装屋,只有简单的黑白搭配,十分优雅大方;当时也不缺乏鲜艳的服装,如右边两套分别来自法国的保罗·波列和美国的设计师,使用了服装中鲜有的橙红色配以几何条状装饰。

2. 纸醉金迷的 Flapper 女郎

当时经典的色彩为金色、黄色、红色、黑色。20 世纪 20 年代的服装虽然在整体上处于一种简化的发展趋势,各国经济也是处于持续低迷的状态,但仿佛是要尽快摆脱战争的伤痕和经济上的不安,人们疯狂地享受着和平时期的欢乐,过着纸醉金迷的生活,富有的人家几乎夜夜笙歌、舞会不断。虽然爱德华时期的舞会装扮也流行闪亮的色彩和宝石装饰,但此时的晚礼服更注重一种轻快、享乐的奢华感,大 V 形领口、及膝的不规则裙边,让女性们尽情展露着美好的身材。

此时欧洲有名的时装屋越来越多,保罗·波列的服装风格在此时依旧流行,还有如香奈尔、朗万这样的新设计师也备受女性们喜爱。

保罗·波列的服装依旧具有浓郁的异域风情,他善用奢华闪光的面料,色彩鲜艳饱满,造型多变。在波列的这些服装中,金色是他常用的色彩,即便是粉色、绿色、红色等颜色也通常是金光闪闪的质感。如图 4-49 所示。

图 4-49　20 世纪 20 年代保罗·波列时装屋的服装

　　香奈尔的设计风格明显不同于前者,在色彩上香奈尔倾向单一、稳重的纯色,比如红、黑等,不如波烈的色彩那么激烈跳跃,所用的面料质感也相对没有那么闪亮,如同前文所述她设计的日常服装一样,低调、优雅、大方。如图 4-50 所示。

图 4-50　20 世纪 20 年代香奈儿时装屋的服装

　　朗万也是这段时间声名鹊起的设计师之一,在这段时间内他的服装受到了很多富裕阶层女性的欢迎,而且不局限于当时最流行的低腰 H 廓形,造型十分多变,色彩也很丰富。受到当时流行的影响,这一时期朗万的设计中也有很多金色、闪亮的服装,明亮的颜色、几何状的图案装饰都能够在他的服装中看到,朗万的色彩没有波烈和香奈尔那么浓郁,相对更加温和、柔美一些。如图 4-51 所示。

图 4-51　20 世纪 20 年代朗万时装屋的服装

4.4　20世纪30年代

4.4.1　时代背景

经济的萧条使人们把精神寄托在电影中,珍·哈露(Jean Harlow)[①]塑造的胸大无脑(Dumb Blonde)形象为当时电影的典型代表。在大萧条期间,白天女性会穿着保守的套装,或者是赋有简单花卉或几何图案的淑女衣服。其廓形是纤细的,强调自然的腰。晚礼服的裙长依旧及地(Full Length)。尼龙袜是化学纤维投入使用的成果之一,尼龙袜作为新产品在当时很受欢迎。服装的颜色主要有黑色、灰色、棕色和绿色,都反映了战争期间人们忧郁的心情。

随着全世界范围的大萧条和第二次世界大战战火的蔓延,男女的社会角色再一次发生转变,价值观也因为社会的变化而改变。人们从大萧条和战争中短暂逃离进入了一个充满魅力和优雅的幻想世界。生活方式继续受到好莱坞电影的影响。这一时期的明星包括弗莱德·阿斯泰尔(Fred Astaire)、克拉克·盖博(William Clark Gable)、戴维斯(Davis)、凯瑟琳·赫本(Katharine Hepburn),童星秀兰·邓波儿(Shirley Temple)。银幕上所塑造出的是一个与现实生活截然相反的、富丽堂皇、纸醉金迷的世界。

4.4.2　斜裁长裙的流行

在30年代,我们看到了女性化时尚的回归,显示女性曲线的裙装再次成为时尚人士的爱宠。服装更加强调腰部的设计,但并没有回到20世纪初的极端束腰的夸张造型。受到电影明星的影响,晚礼服变得更加华美和精致,露背晚宴装是30年代极富创新的设计。前高和露背至近腰的晚礼服款式开始风行,暴露背部开始被视为一种性感的美,称作"Bare Back"。在背部深深的V形开口处,装饰着荷叶边,设计重点由20年代腿部转移到背部,这是经济衰退和社会动荡时期的表现。同时,两件式的套装也越发流行起来。简单的短衬衫搭配包裹裙,或是V形羊毛衫和夹克都是时尚流行的典范。

4.4.3　代表性设计师及其社交圈

1. 艾尔萨·夏帕瑞丽

艾尔萨·夏帕瑞丽(Elsa Schiaprelli)是30年代巴黎时装界的杰出代表人物(见图4-52)。1927年,夏帕瑞丽在法国著名的时尚区Paix大道四号开设旗舰店。她的设计大

[①]　珍·哈露,被称为"白金美人",同时也是好莱坞最早的"金发肉弹"。哈露独特的性感外形和喜剧天分无疑启发了后来的许多女演员,比如玛丽莲·梦露。

图 4-52 艾尔萨·夏帕瑞丽

胆奔放,有想象力,新奇、刺激是夏帕瑞丽服装的特点,她被誉为"时装界的超现实主义者"。

1933 年,夏帕瑞丽入驻伦敦,连凯瑟琳·赫本(Katherine Hepburn)也是她的拥护者。第二年,夏帕瑞丽发布了三款香水。直至 1935 年,葛丽泰·嘉宝、格洛里亚·吉尼斯(Gloria Guinness)和温莎公爵夫人(Duchess of Windsor)都曾多次光顾她的时装店。夏帕瑞丽陪同朋友参观保罗·波烈的工作室,她为波烈的设计痴迷。这位设计大师则回送她一件大衣为礼物,就此两人开始了长达一生的友谊。

与 20 年代女装的直线造型不同,夏帕瑞丽提倡古典式突现女性特征的设计,她的作品重视女性腰部和臀部的曲线,让丰满的胸部表现出自然的线条,同时在肩部增加垫肩强调肩的形状,整体廓形细长雅致,在展现腰身的同时体现了女性优雅的姿态,引领了 30 年代女装的流行趋势(见图 4-53)。其大胆运用的色彩为时装界带来了新的活力,鲜艳的罂粟红、奔放的紫以及强烈的绿都出现在她的设计作品中,她使用的粉红色被称为"惊人的粉红色(Shocking Pink)",足见其设计表现的夸张性(见图 4-54)。此外,她的大胆设计还表现在服装的装饰方面;纹理明显的面料、大胆荒诞的图案、华丽的刺绣品以及比例夸张

图 4-53 艾尔萨·夏帕瑞丽的设计作品   图 4-54 艾尔萨·夏帕瑞丽的设计稿与海报

外露的拉链和纽扣。1938年,夏帕瑞丽在一款高贵优雅的晚宴服上面加上塑料昆虫纽扣以增加它的新奇性。

总之,她的作品总给人耳目一新的感觉。她第一次将拉链和合成纤维运用在时装上,给时装设计带来了更多的可能性。夏帕瑞丽的设计满足了保守女性对新奇感觉的心理追求,在服装史上添加了重要的一笔。

2. 玛德琳·薇欧奈

玛德琳·薇欧奈(Madeleine Vionnet)是一位以独特的斜裁技术威震巴黎时装界的女设计师,1912年她在法国开设了自己的时装店,1922年Vionnet时装店改名为Vionnet & CIE公司(见图4-55)。她的时装店也是二三十年代巴黎最大的时装店之一。

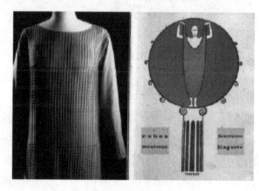

图 4-55　1927 年 Vionnet 秋冬发布的礼服以及 Vionnet 标志

她提倡符合女性身体的自然曲线,反对紧身衣的束缚,其设计以风格朴实素雅、剪裁精良独特而著称,造型上追求自然流畅的大线条;她还根据面料的垂坠特性,发明了独特的斜裁技术,即按照面料本身的斜丝和弹力进行斜向剪裁,使设计出的服装更加符合女性形体,线条自然流畅。这种裁剪法为玛德琳·微欧奈首创,改变了之前直向剪裁的方法。为了方便斜裁,她首次使用双幅宽的面料进行裁剪。她还用这种裁剪法设计制作了露背式晚礼服,这种礼服前后都得很低,尤其是背部,袒露的部分呈深V形直到腰部上方位置,臀部一侧位置有垂带装饰并起到固定服装的作用,服装整体优雅自然,其斜裁露背样式也成为西方礼服上的经典代表之作(见图4-56)。作为装饰艺术运动时期的服装设计师,薇欧奈的设计风格受装饰艺术以及东方艺术的影响很大,从她的作品中可以看到装饰艺术运动流行的直线形、几何形元素,也有日本和服的元素。因此,她也是20世纪初期在时装设计上融合东西方服饰文化的设计师代表。时装大师迪奥曾赞扬薇欧奈为"时装界的第一高手",同时薇欧奈还有"斜裁女王"的称号。如图4-57所示。

3. 库思图巴·巴伦夏加

出生于西班牙的库思图巴·巴伦夏加(Cristóbal Balenciaga)是一位男性时装设计师,1937年他在巴黎开设了"巴伦夏加时装店"(现称为"巴黎世家")。巴伦夏加在女装设计上善于钻研,他深入研究每一条曲线的角度、每一个设计的结构,他的信条是"追求建筑一样的质量",这使他的设计作品具有建筑般的立体效果。巴伦夏加把传统的西班牙风格和法国的时下风尚结合在一起,设计出了为人们称赞的作品。1939年推出的黑色和象

图 4-56 薇欧奈 1930 年设计的礼服

图 4-57 1920 年在工作的薇欧奈

牙色拼接绸缎晚礼服,整体采用象牙色与黑色交替的颜色,上身贴合身体曲线,突出腰部形状,左侧有隐形拉链固定,胸前有宝石纽扣装饰,下摆长而宽,短立领,翻口短袖,拼接颜色的巧妙运用以及贴身的完美设计体现了女性的身形(见图 4-58)。

图 4-58 黑色和象牙色拼接绸缎晚礼服

4.4.4 时尚代表人物

1. 费雯·丽

费雯·丽(Vivien Leigh),它有一双慧黠的大眼睛,精致的脸庞,细小的纤腰。当1938 年塞尔兹尼①第一次见到费雯时就深深地被她的容貌所打动。

电影产业在发展成一门独立、成熟的艺术分支的同时也孕育了别具一格的电影时装偶像。有别于以往单纯靠美丽的面孔取悦观众的女性,费雯·丽在《乱世佳人》剧中以清纯复古的形象和纯熟的演技成为荧幕下观众们追随的时尚(见图 4-59)。女星们优雅、充满魅力的复古造型,让生活在重压下的人们获得了精神上满足。

2. 凯瑟琳·赫本

凯瑟琳·赫本(Katharine Houghton Hepburn),美国著名电影女演员,她的表演充满

---

① 好莱坞大制片厂黄金时期的标志性制片人。他因担任史诗巨制奥斯卡最佳影片《乱世佳人》(1939)的制片人而广为人知。

图 4-59　费雯·丽在《乱世佳人》中的造型

着优雅、机智和魅力。她的穿着一向非常随意且休闲，经常穿很宽松的裤子和休闲的上衣，而且大多数时候她都将一头红发随便挽个发结弄在脑后。这种假小子般桀骜不驯的风格几乎贯穿了她的一生。

赫本是第一位在银幕上穿短裤的女演员，是第一个在银幕下把男装穿上身的好莱坞女星，也是第一个穿长裤出席奥斯卡的影后。赫本中性随意的打扮迎合了当时女性追求解放独立的审美意识，改变了传统审美中对女性形象的禁锢。她革命性的着装具有鲜明的女权色彩和跨时代的意义（见图 4-60）。

图 4-60　凯瑟琳·赫本

30 年代的时尚偶像正如这个时代一样起着承前启后的作用。如果说 20 年代纸醉金迷的生活还有着明显的贵族气息，那么经过 30 年代政治经济社会的重新整合，女性们的服饰变得更加简化、廓形更加流畅，正在迈向现代社会形态的标准，为之后的女性意识回归以及第二次世界大战后 New Look 样式的诞生打下了基础。

4.4.5　20世纪30年代的色彩流行

20世纪30年代经典的色彩为红色、黄色、绿色、蓝色,越来越多的女性步入职场,针对女性消费的服装、化妆品等商品也越来越多,纺织技术的进步也为服装行业带来了革命性的变化。

在经济低迷的30年代,女装中出现很多新的变化。对于当时的大多数女性而言,20年代的那种浮华、迷幻的风格已经被抛弃,她们希望通过着装让自己看起来更"聪明",因此她们偏爱面料硬挺、款式大方的服装(见图4-61)。这时的女性喜爱高腰、印着碎花、裙长至小腿的服装,配以贝雷帽、手套、尼龙袜、手包、小皮鞋。虽然当时的照片都是黑白的,但是从一些保存至今的广告宣传单上可以看出,当时十分流行高饱和度、明快、鲜亮的颜色(见图4-62)。

图4-61　20世纪30年代的女性形象

图4-62　20世纪30年代的女装广告

随着步入职场的女性越来越多,女性平权运动此起彼伏。在30年代,女人们首次被认可在公众场合穿着运动裤装,而且此时的女士外套中出现了上下分离的款式,短外套女装变得流行。沙滩运动大受欢迎,在海边度假成为当时的潮流,女式泳衣的款式也越来越多。女性的户外运动在 30 年代变得越来越丰富多彩，与之相对的运动服也多以色彩明亮的形式出现（见图 4-63）。尽管经济低迷，失业率连年攀高，但是从当时女性的时尚中却丝毫看不出低沉的气息。在此时流行的超现实主义艺术风格中，达利以他的无理性、戏谑、疯狂的作品表达出了这一时代的艺术精髓。当时知名的服装设计师艾尔萨·夏帕瑞丽是达利的好朋友，也是艺术上的知己，夏帕瑞丽的服装也处处渗透出超现实主义的风格，其最有名的设计就是那条印着龙虾图案的连衣裙。夏帕瑞丽的服装色彩丰富、鲜艳，鲜亮的红色、橙色、绿色，还有夸张的印花都是她喜爱的元素，色彩搭配艳丽大胆，突破了当时人们对服装的刻板印象（见图 4-64）。

图 4-63　20 世纪 30 年代女性运动裤装和泳衣广告

图 4-64　20 世纪 30 年代夏帕瑞丽时装屋的服装

同时代具有代表性的服装大师还有玛德琳·薇欧奈,她率先使用斜裁工艺,使得服装更加贴合人体,垂坠摇曳的裙犹如古希腊女神般优雅。薇欧奈的服装优雅、高贵,用色不如夏帕瑞丽的鲜艳,多为单一的色彩,如优雅的浅黄色、黄绿色、黑色、银灰色等,更加符合当时主流的审美标准(见图4-65)。

图 4-65　20 世纪 30 年代薇欧奈的服装

4.5　20 世纪 40 年代

4.5.1　时代背景

1940 年,法国大部分领土沦陷,德国试图将时尚中心由法国搬向德国,战争中的法国一度终止了流行的发布。

技术和科学的进步使人造合成纤维大批量生产。在战争期间,因为物资紧缺,资源都由政府配给,因此制造服装的织物的数量被控制。

在第二次世界大战期间,女性穿着工装、背带裤等裤装代替男性在工厂工作,这为女性在公开场合穿裤装打下了基础。为防止头发弄到机器,女性将头发往后梳,做成包子状并用网格固定,称为 Snood。由于面料的紧缺,服装都往简化方向发展。晚礼服方面,复古的泳衣给设计师带来灵感,甜心领(Sweetheart neckline)和抽褶(Shirring)开始在礼服上流行。

由于在战时缺乏交流和欧洲孤立的现状,美国的时装业进入了自我发展道路,发展出一番独特的道路。一般来说,法国高级时装设计师主要向私人客户售卖衣服,但在战争期间,许多时装屋和商店被迫关闭。与欧洲系统不同的是,美国的设计师主要是为成衣制造商开发季节性的样衣,提供给面向公众的零售商店,再由零售商订购,客户向零售商购买。这种新的购物系统与服装购买方式使风格和时尚趋向多元。

4.5.2 "军装"风格的流行

第二次世界大战前,女装就已经出现了因物资短缺而缩短裙子,夸张肩部以示女性地位上升的现象,战争爆发后以及整个战争期间,女装完全变成一种实用的男性味很强的现代装束,即军服式(Military Look)。战争开始后,妇女的时尚发生了变化。她们白天穿着的裙子长度达小腿肚的位置;强调腰部和胸部;肩膀用填装塑料的垫肩优化。纺织业中,织物供应和配给短缺,人造丝、醋酸面料和棉都是常用的织物,由政府配给。这场战争使美国设计师们脱离欧洲的影响,开辟了新道路。克莱尔·麦卡德尔(Claire McCardell)考虑到面料紧缺,设计了分离式的衬衫、裙子和夹克,这种简单实用的运动服概念很快被民众接受,有防水台的鞋子和帽子则是必不可少的配饰。

1945 年,战争结束,战争中的军服式女装继续流行,但开始出现微妙的变化,腰身纤细,上衣的下摆成波浪式,因为宽肩和下摆的外张能显得腰细。战后的流行首先关注到腰线,为 1947 年 Dior 的"New Look"埋下了伏笔。

4.5.3 代表性设计师及其社交圈

1. 克莱尔·麦卡德尔

克莱尔·麦卡德尔(Claire McCardell)是 20 世纪最具影响力的设计师之一,她是所谓的"The American Look"的缔造者。第二次世界大战过后,服装的实用性和舒适性逐步被重视,因而她简洁舒适的设计风格大受追捧。她被奉为"美国运动服装之母"。克莱尔麦卡德尔提到:"我更愿意成为普罗大众的设计师,我们每个人都有享有时尚的权利。"受到运动装和男装的启发,她采用了极简主义的设计,由此掀起了一场"时尚民主化"运动(见图 4-66)。

1955 年,麦卡德尔登上 *Life*,她的设计开始发生改变。同年,她成为 *Time* 的封面女郎,这是史上第三位获此殊荣的设计师。从 1940 年起,麦卡德尔婉拒了各种巴黎时尚活动,她不想受到巴黎高级定制时尚的影响,一心专注于自己的设计风格。她对于运动的热爱和衣服实用性的坚定理念,最终铸就了她对舒适性服饰的钟爱,她的设计真正解放了女性的身体(见图 4-67)。

至第二次世界大战前夕,运动装已然成为上流少妇趋之若鹜的时尚潮流。这股"美国运动精神"敢于与巴黎的豪奢抗衡,并在接下来的几十年里逐渐蔓延到全球时尚界,风靡至今。早在 20 世纪,女性走下运动场的看台,加入到体育竞技中。较为宽松、便于活动的服饰应运而生——它们多以纯棉为材料,轻薄透气,舒适贴身,使女性选手们终于可以摆脱"鸟笼"般的巨大撑裙,轻身上阵了。麦卡德尔设计的衣服功能简单,线条简洁。它们被认为具有微妙的性感和功能装饰。她时常利用男士工作服的细节,比如大口袋、牛仔布、蓝色牛仔、金属铆钉和裤子(见图 4-68)。

图 4-66　克莱尔·麦卡德尔

图 4-67　克莱尔·麦卡德尔的时装代表作品

Evening dress　　　Sun dress　　　Play suit　　The "Popover" plus pot holder

图 4-68　克莱尔·麦卡德尔的时装代表作品

2. 古驰奥·古琦

古驰奥·古琦(Guccio Gucci)在 1881 年出生于意大利北部制造业地区,早年移民去伦敦,在 Savoy 酒店担任行李员——在工作过程中对客户行李的观察也使他产生了对行李箱设计的浓厚兴趣(见图 4-69)。他的灵感来自优雅的上流社会的客人,以及如 H. J. Cave & Sons 这样的行李公司,1920 年古琦先生回到老家佛罗伦萨,开了一家专卖皮革的店铺,他高质感和设计佳的产品大受欢迎。1938 年,古琦的店铺开始扩张,在首都罗马第一家专卖店正式迎客。在那里,他还开设了第一家零售店。他所有的儿子都加入了这家公司,古琦作为家族产业开始经营。20 世纪 40 年代,带有创办人古琦先生名字缩写的经典双 G 标志问世,沿用至今,深受全球时尚人士追捧。1951 年,古琦将自己的生意扩大到米兰,在那里开了一家店,几年后又在曼哈顿开店。

当时正值第二次世界大战结束不久,虽然战争结束了,但是战争造成的原料匮乏状态没有结束。古琦大胆启用"竹子"这种代表着东方风情的材质来替换金属,他从日本进口竹节,通过火烤加热使其软化并弯曲成一个独特的"U"的形状,然后通过金属环串联后与包身连接,竹节包这个设计史上的经典就这样出现了。从设计角度来讲,皮质包身与竹子手柄,符合了"材料真实"和"形式追随功能"这两个在工艺美术运动中涌现出来的、被人们广泛接受的美学原则。皮料与竹子,这样的材质配对既冲突又和谐,竹子手柄带来异国情调,同为天然材质的它们有种奇异的协调感——既实用又浪漫,因此竹节包一出现就广受欢迎(见图4-70)。在20世纪五六十年代,竹节包都很受欢迎,美艳的伊丽莎白·泰勒(Elizabeth Taylor)、神秘的英格丽·褒曼(Ingrid Bergman)以及英国戏剧舞台戏骨级女演员范尼莎·雷德格雷芙(Vanessa Redgrave)都是竹节包的爱用者。60年代的好莱坞明星多次被拍摄到用古琦的手袋,间接为古琦作了宣传。当中捧场者包括著名好莱坞影星奥黛丽·赫本及当时的美国第一夫人杰奎琳·肯尼迪(Jackie Kennedy)。由于杰奎琳·肯尼迪经常用一款古琦手袋,此款古琦手袋更被冠以"Jackie"的名字。

图4-69 古驰奥·古琦

图4-70 GUCCI竹节手柄包

3. 查尔斯·詹姆斯

查尔斯·詹姆斯(Charles James)出生于英国的Agincourt House(见图4-71)。查尔斯·詹姆斯的服装具有雕塑般的形式感,被誉为"美国第一裁缝",他的作品堪称艺术品。1942到1945年,他受聘于伊丽莎白·雅顿(Elizabeth Arden)公司,组建了专售时装和配件的沙龙。于1947年在巴黎沙龙推出的成衣系列造就了他事业的巅峰。著名的设计师巴伦夏加先生称他为"世上最棒的裁缝师",更表示,他精湛的技艺将服装这样的"应用艺术"升华到了"极致艺术"(见图4-72)。

查尔斯·詹姆斯的设计以大裙摆、收腰轮廓而知名,他的礼服兼有雕塑般的形式感和精湛的剪裁技巧,因此他被称为"时装雕塑家"。为了使裙子达到他想要的"立体"效果,查尔斯·詹姆斯曾经特别学习人体解剖学;他喜欢用硬质感的面料,如塔夫绸、丝绒制作礼服;他会用军用电线搭起一个裙摆骨架;他最著名的裙子之一——"四叶草"礼服,从上往下看,确实很像一片四叶草(见图4-73)。经典的花瓣礼服由天鹅绒质地的束身胸衣和绽开的硬纱裙摆拼接而成,腰际的拼接处理犹如一朵花的花萼呵护着花蕊一般包裹着穿着者的身体,由此可见查尔斯·詹姆斯对自然灵感的形象运用让人叹服(见图4-74)。尽管有的礼服重达18磅,但是凭借高超技艺,他依然能使裙摆像芭蕾舞裙般优雅飘动。

图 4-71　查尔斯·詹姆斯

图 4-72　刊登于 *Vogue* 的查尔斯·詹姆斯时装照

查尔斯·詹姆斯的另一件代表作是 Taxi Dress。Taxi Dress 诞生于 1929 年,有着螺旋式的贴身围裹剪裁、系扣位于身体前侧。查尔斯·詹姆斯之所以将它命名为 Taxi Dress,是因为这件礼服穿脱极其方便,穿着者可以自己在出租车后座独立完成穿脱——适应了当时独立女性对礼服便捷性的需求(见图 4-75)。

同夏帕瑞丽一样,查尔斯·詹姆斯也是最早将拉链运用到高级定制服务中的设计师。这个创举同无杯文胸一样,只是他一生中无数先锋创意的体现之一(见图 4-76)。1937年,查尔斯·詹姆斯为 Oliver Burr Jennings 女士设计了一款银色衍缝夹克,现在这件珍品成了英国维多利亚和阿尔伯特博物馆的永久收藏。这种羽毛填充、绸缎材质的设计后来还被查尔斯·詹姆斯运用到了礼服、围巾的设计中。由于衍缝夹克的实穿性和后来被广泛借鉴的影响力,它被认为是查尔斯·詹姆斯最重要的设计发明之一(见图 4-77)。

图 4-73　四叶草礼服　　图 4-74　花瓣　图 4-75　Taxi　图 4-76　拉链裙　图 4-77 衍缝夹克
　　　　　　　　　　　　　　　礼服　　　　Dress

查尔斯·詹姆斯从事时装设计之前,他的专业是建筑设计和油画,因此他认为自己是艺术家,而不是时装裁缝。他对自己的作品有着执着的"爱恋",认为它们最终属于自己。他会将自己售出去的礼服从顾客那儿借回来,只为借给另一位顾客,或者用来拍摄广告。有传闻说,查尔斯·詹姆斯还自己当模特亲自演绎自己的设计,在把裙子交给顾客前,穿上它们在他长期居住的 Chelsea 酒店套房里整晚跳舞。

说查尔斯·詹姆斯的时装比他的名字更有名,主要是因为查尔斯·詹姆斯的设计常常出现在 20 世纪最伟大的摄影师之一塞西尔·比顿(Cecil Beaton)的作品中。查尔斯·詹姆斯和塞西尔·比顿从求学时代就是朋友。克里斯汀·迪奥曾描述查尔斯·詹姆斯的设计像"诗歌"。夏帕瑞丽(见图 4-78)和香奈尔都是他的顾客。查尔斯·詹姆斯的名人名媛顾客还包括贝比·帕利(Babe Paley)、奥斯汀·赫斯特(Austine Hearst)、多米尼克·德·梅尼尔(Dominique de Menil)、玛丽埃塔·特里(Marietta Tree)和盖普西·罗丝·李(Gypsy Rose Lee)等。

查尔斯·詹姆斯刚认识侯司顿(Roy Halston)时,后者还只是一个初出茅庐的设计新人。查尔斯·詹姆斯把侯司顿收为学徒,从此师徒二人私下也变成了亲密朋友。但查尔斯·詹姆斯的个性让他在晚年失去了很多挚友,其中就包括曾经的爱徒侯司顿。20 世纪 70 年代,侯司顿聘请查尔斯·詹姆斯做他的时尚顾问,希望查尔斯·詹姆斯在时装廓形上对他有所帮助。但共事不久后,查尔斯·詹姆斯便觉得自己对设计的贡献没有得到应有重视,认为侯司顿不是在寻求他的帮助而是在利用、盗用他的设计。而比查尔斯·詹姆斯年轻近 30 岁的侯司顿(见图 4-79)则认为昔日恩师的理念过于老派,在商业上已经不再受欢迎。从此师徒二人分道扬镳。

脱衣舞娘出身的盖普西·罗丝·李(Gypsy Rose Lee)(见图 4-80)是查尔斯·詹姆斯最爱的缪斯,她也是将高级定制穿上 Show Girl 舞台的第一人。标准石油公司(美孚石油前身)的女继承人、风格偶像、经典美国丽人米利森特·罗杰斯(Millicent Rogers),不但是查尔斯·詹姆斯生意上的赞助人,同时还是他的缪斯、好友(见图 4-81)。

图 4-78　夏帕瑞丽　　图 4-79　侯司顿　图 4-80　盖普西·罗丝·李 图 4-81　米利森特·罗杰斯

4.5.4　时尚代表人物

过去的时尚偶像总是以她们清纯和素雅的特质获得大众的喜爱,与其他同时代的演员不同,贝蒂·戴维斯(Bette Davis)的成功并不仅仅来自她的美貌,她特有的泼辣脾气和直率个性虽让她颇具争议,但也使得她成为潮流时尚的焦点。她的表演充满激情,敢于挑战新角色,从冷漠的反面角色到"扮丑"的老人装,可谓是一众清纯女明星中一朵傲慢的"黑玫瑰",广受美国人欢迎。同时期的丽塔·海华丝(Rita Hayworth)也是一位人见人爱的美丽俏佳人,她在大热电影《封面女郎》(Cover Girl)和《今宵多珍重》(Tonight and Every Night)中的表演让她一跃成为大众追捧的时尚偶像,衣着上的好品位和热辣的好身段让她成为20世纪40年代的性感女神。

1. 贝蒂·戴维斯(Bette Davis)

贝蒂·戴维斯(Bette Davis),20世纪40年代末期,她已经是美国电影界顶尖的女演员之一。Bette Davis eyes 是80年代美国流行音乐排行榜冠军歌曲,诉说贝蒂·戴维斯时而娇媚、时而泼辣的非凡眼神演技,广受美国人欢迎且已成为20世纪流行文化著名代表之一了(见图4-82)。贝蒂就如40年代的叛逆甜心一般冲击着当时的电影大屏幕,她勇于尝试各种突破性的角色,不把自己的形象禁锢在传统女性的审美标准中。

图 4-82　贝蒂·戴维斯

2. 丽泰·海华丝

丽泰·海华丝(Rita Hayworth),是美国20世纪40年代红极一时的性感偶像(见图4-83)。1946年,因在电影《吉尔达》(Gilda)中激情四射、放荡性感的荧幕魅力而红遍全美,有时亦被称为"爱之女神"(The Love Goddess)或"美利坚爱神"(The Great American Goddes),又以极为出色的舞蹈技巧而名噪一时。

真正让丽泰·海华丝名声大噪的是她给《生活》杂志拍摄的写真,曾一度引起全美轰动,一经推出就销售一空,她也被封为"爱情女神""男士的性幻想对象"。她浪漫、美艳、华贵而充满激情。同时,这个年代还催生了"招贴女郎"(The Pin-up Girls)文化,以海华丝为代表的姑娘们被赶赴战场的美国大兵贴在飞机上。她是一个时代的性感符号,40年代的海华丝用她的性感造型征服了第二次世界大战中的士兵们,也唤起了大家对于性感与欲望的追求。曼妙的身姿和凸显曲线的服装造型都是当时女性为之追捧的。

图 4-83　丽泰·海华丝

4.5.5　20 世纪 40 年代的色彩流行

第二次世界大战的爆发引发了物资紧缺,人们生活的方方面面都深受影响,服装业也逃脱不了。在经历了数十年的自由开放和富丽堂皇后,强烈的社会责任和经济紧缩让人们在一段时间内无暇顾及穿衣打扮,女性也在国难面前不得不做出牺牲。

匮乏的物资、强烈的社会责任和工作生活的需要使得女装变得越来越中性化、装饰越来越少,款型越开越简单,实用性越来越高,军装式套装在女装中受到欢迎,服装的功能性也越来越强。那个时期经典的色彩有黑色、灰色、棕色。

20 世纪 40 年代,全世界范围的频繁战事充斥着每天的新闻头条。尽管人们的生活水平下降很多,但也无法阻挡人们对时尚、艺术的追求,而且动荡的社会能催生出新的文化,不安的局势貌似更能让人们接受新事物。由于越来越多的女性开始工作,妇女地位上升,女性不再被视为男性的附属品、不再被局限于家庭,女装在这段特殊期间发生了很大变化。比如,女性的裤装不再局限于运动装,女人可以大胆地穿着便利的裤装生活、上班,这样的形象出现在当时很多的广告中(见图 4-84)。然而,这种装扮在十年前还是被禁止的。此时,海边运动依旧是上流社会钟爱的休闲活动,设计师们纷纷推出花样繁多的泳装。1946 年,美国军队在太平洋的比基尼小岛投放了一枚原子弹,震撼全球。不久,法国设计师便推出了一款号称"世上最小的泳装"——比基尼(见图 4-85),这种大胆、前卫的泳衣如同原子弹一样震撼世界,风靡至今。在日常服装款式上,女性们追求阳刚、大方的剪裁,强调腰部曲线和肩部的宽度,裙子多呈伞状(见图 4-86)。优雅的服装也难以掩盖战争阴影,因此这一时期的服装色彩整体相对灰暗,无多余装饰,用色简单,以单色的服装居多。这一时期的服装与前几十年的服装相比而言有点单调,不过女性们喜爱用色彩鲜艳的长方巾包裹自己的头发,长方巾不仅能在工厂工作时起到保护作用,同时也能遮盖蓬乱的头发,或者用相对女性化的色彩穿着男士套装。*Vogue* 在 40 年代就常以这样的女性形象作为杂志封面(见图 4-87)。

图 4-84　20 世纪 40 年代
女性裤装

图 4-85　20 世纪 40 年代
比基尼

图 4-86　20 世纪 40 年代
女式服装款式

　　美国所处的美洲大陆远离欧洲、亚洲和非洲的战火，虽然忙于战事、物资紧缺，但成衣业在此期间发展得越来越好。不似欧洲的老牌时装屋总是提供昂贵、一对一的定制服务，美国服装业针对普通大众的设计师和服装品牌越来越多，形成了现代服装企业的雏形。其中最有影响力的就是美国设计师克莱尔·麦卡德尔，被誉为"The American Look"的缔造者，强调服装的简洁性和舒适性，他从运动装中汲取服装灵感，立志

图 4-87　20 世纪 40 年代的杂志封面

为普罗大众设计时尚的服装，将时尚民主化。在那个战火纷飞的年代，从克莱尔·麦卡德尔的设计中可以看出当时色彩选择比较单调，除了有鲜艳红色、红棕色、蓝色外，其他以无彩色的黑、白、灰色调为主，服装款式简单，用色也比较简单，基本都是单色（见图 4-88）。

图 4-88　20 世纪 40 年代克莱尔·麦卡德尔的服装作品

查尔斯的作品主要创作于 20 世纪 40 年代后期,此时战争已经结束,各行各业百废待兴,迪奥的"新风貌"也创作于这个时期。克莱尔的作品中服装色彩以米黄色、橘红色、黑灰色系为主,用色简单大胆(见图 4-89)。

图 4-89　20 世纪 40 年代查尔斯·詹姆斯的服装作品

4.6　20 世纪 50 年代

4.6.1　时代背景

50 年代,战争结束。美国经济这一时期明显增长,迎来了生育潮。男人在工作场所和妇女在家庭中的传统角色恢复,做家务和养育孩子被认为是理想的女性。服装从军服式女装穿着变为具有明显女性特征的廓形,肩部的设计也不再夸张。由于额外的休闲时间和收入变多,家庭生活蓬勃发展。信用卡普及全国,电视机取代收音机,成为家庭娱乐的主要形式。美国的种族隔离制度被裁定为违宪。

美国"摇滚音乐"的青年诞生,创造了如埃尔维斯·普雷斯利(Elvis Presley)和巴迪霍利(Buddy Holly)的偶像。美国音乐台的节目成为电视台热播节目。电影明星詹姆斯·迪恩(James Pean)成了叛逆青年的文化偶像。同在 50 年代,牛仔裤作为休闲装开始出现在人们的生活中,美国好莱坞主角几乎都穿着牛仔裤出现在荧幕上,詹姆斯·迪恩在《无端的反抗》中身穿牛仔裤的形象被誉为"全世界少女的梦中情人"。此时,以直筒牛仔裤搭配

T恤和机车皮夹克为潮流。

50年代,巴黎高级时装业迎来了20世纪继20年代以来的第二次鼎盛时期。以Dior为首,这一时期活跃着一大批叱咤风云的设计大师,如纪梵希(Givenchy)等。

时尚的进步是由新产品和制造方法引领的。聚酯及新的人造纤维和织物的发展带来了一个缓解洗涤磨损的新方式。尼龙搭扣的出现,使服装生产更迅速,且在全球范围内生产。

从文化上说,这十年是一个重要的变化。20世纪50年代被称为"婴儿潮一代"。有更多的人可以读大学,年轻人开始质疑父母的保守的价值观,支持民权增长和平等的抗议增加。很明显,回到战争之前是不可能的。年轻人和老年人开始发生冲突,加剧了未来十年时尚发展的势头。

4.6.2　"New Look"造型的流行

战争过后,回归早期的浪漫主义时代,人们的审美观和价值观迅速从男性味所代表的战争向女性味所象征的和平方向转变。战争期间人们被压抑着的对于美的追求、对于奢华的憧憬、对于和平盛世的向往都借助着"New Look"一下子迸发出了新造型。第二次世界大战后妇女穿着单调:军装化的平肩裙装呆板、缺乏魅力。迪奥将这种单调的女装方式变为曲线的美丽的自然肩形,夸张了饱满的胸、细窄的腰肢、圆凸的臀部。这种以细腰大裙为重点的新造型,突出和夸张了女性的美丽,让妇女重新焕发女性魅力——这是迪奥多年的期盼,也是人们对和平、对美的期盼(见图4-90)。

图4-90　Dior的新风貌

4.6.3　代表性设计师及其社交圈

1. 克里斯汀·迪奥

出生于1905年的克里斯汀·迪奥(Christian Dior),从小在法国北方诺曼底海边的美丽城市Granville长大(见图4-91)。他的家庭在当时属于显赫的上流社会世家,父亲靠经营化肥生意成为一名成功而富有的商人。孩提时代的克里斯汀·迪奥对自然与花草有着非常特殊的喜好与兴趣。当成年之后,克里斯汀·迪奥最喜欢的休闲活动就是卷起衣袖,拿着锄铲在花园内种花除草。他母亲一手照料的美丽私家花园在当时远近闻名。至今,克里斯汀·迪奥家的花园仍是 Granville 城市里一个知名的观光景点。

克里斯汀·迪奥爱花的特性也在他的作品中不断出现,例如,1947 年他的第一回新装发表会就命名为"Flower Women"(花样仕女),他的许多服饰细节与刺绣设计亦用花朵的外形或色泽来作为灵感的来源。在法国,为了赞誉克里斯汀·迪奥对园艺的热爱,还有一种玫瑰花以他的名字为花名,这种名为"Miss Dior"的玫瑰花,亦是他在 1947 年所推出的第一款品牌香水的名称。

图 4-91　克里斯汀·迪奥

1927 年,克里斯汀·迪奥服完兵役后,克里斯汀·迪奥的父亲实在抵不过他对艺术的热爱与付出,决定出资帮助他开一家画廊,不过前提就是不准以家族的名字为画廊命名,于是这家叫 Galerie Jacques Bonjean 的画廊终于开幕,并且如克里斯汀·迪奥所愿,画廊展出 Picasso、Matisse、Dali 与 Berard 等 20 世纪现代艺术大师的作品。

在求学过程中,克里斯汀·迪奥开始接触当时巴黎最时髦与最前卫的新鲜事物,如来自俄国的芭蕾和抽象派画家 Jean Cocteau 等人的作品。他还遇到一群与自己志同道合的朋友,而这些人以后在各自的领域,亦都成了佼佼者,如超现实主义艺术大师达利、立体主义大师毕加索、音乐家 Henri Sauguet 与作曲家 Maurice Sachs 等(见图 4-92)。

达利　　　　　　毕加索　　　　Henri Sauguet　　　　Maurice Sachs

图 4-92　克里斯汀·迪奥的好友

第二次世界大战期间,巴黎投降了。克里斯汀·迪奥被迫帮德国纳粹军官们的夫人设计服装。不过很讽刺的是,当时巴黎缺乏水电粮食,甚至有些人还没有衣服穿,而法国人引以为傲的高级订制服传统却因而被保存了下来,然后发扬光大成为现今代表法国文化的重要元素之一。战争结束后,克里斯汀·迪奥在偶然的机会下巧遇商业大亨 Marcel Boussac,当时这位有钱人正在物色一位设计师来共同合作以进军时尚业。两人一拍即合,于是 1946 年,拥有 85 位员工与投入 6000 万法郎的第一家 Christian Dior 店,于巴黎最优雅尊贵的蒙田大道(Avenue Montaigne) 30 号正式创立,全店装潢以克里斯汀·迪奥最爱的灰白两色与法国路易十六风格为主。

1947 年 2 月 12 日,是一个辉煌的日子,迪奥举办了他的第一个高级时装展,推出的第一个时装系列名为“新风貌”(New Look)。该时装具有鲜明的风格:裙长不再曳地,强调女性隆胸丰臀、腰肢纤细、肩形柔美的曲线,打破了战后女装保守古板的线条。这种风格轰动了巴黎乃至整个西方世界,给人留下深刻的印象,使迪奥在时装界名声大噪。当一个个模特儿出现在公众视野,人们几乎不敢相信自己的眼睛:那圆桌摆一样大的长裙,那细腰,那高耸的胸脯,还有斜斜地遮着半只眼的帽子……顿时让人们眼前一亮,这一天迪奥大获成功。不久,迪奥带着他第一个时装系列“新风貌”成功地将崛起的事业发展到大西洋的彼岸——美国(见图 4-93)。

图 4-93　“新风貌”时装造型

1949 年,克里斯汀·迪奥成为世界首位签署授权合约的女装设计师,而克里斯汀·迪奥这个代表法国时尚的高级服装品牌,从此不再只是欧洲皇室名门淑媛或电影明星们的专利。

2. 贝尔·纪梵希

贝尔·纪梵希(Hubert Givenchy)作为巴黎世家的好友,1952 年开始在时装的舞台上散发光芒。他可谓年轻有为,25 岁就在巴黎开了自己的第一件工作室。当时正值迪奥的“新风貌”风靡欧美,而纪梵希却另有一番看法,他推出的个人系列是简单的棉布衬衫、风衣、裤装和羊毛开衫。此外,他还创造了两件套晚装,成为简单舒适的潮流服饰。而纪梵希的事业巅峰是与当红影星奥黛丽·赫本的完美合作,在电影《蒂凡尼的早餐》

(*Breakfast at Tiffany's*)中的小黑裙款式,俏丽而经典,立刻成为万千女性的新宠,以至于随后的几十年中仍不断地被复制和模仿(见图4-94)。

图 4-94　纪梵希与赫本

在 20 世纪 50 至 70 年代事业高峰期间,他将注意力集中于服装结构上,打出"自由线条"的口号,成为巴黎第一个设计女式百慕大短裤和白色运动短夹克搭配直身裙的人,之后还发明了头发印花的"假发围巾"。作为时装界真正的先驱者,他令默默无闻的清丽女孩们恢复活泼、优雅且百变的时尚面貌。

在赫本的女神光辉下,纪梵希成为当时美国群众拥戴的新兴品牌。而纪梵希本人也成为好莱坞电影明星喜爱的当红设计师。更值得一提的是,他也成了"肯尼迪"家族女性唯一指定的服装设计师。

4.6.4　时尚代表人物

50 年代的时尚偶像们仍影响着当今的潮流趋势。好莱坞可人儿奥黛丽·赫本(Audrey Hepburn)可谓高贵和典雅的代名词,她简单大方的毛衣和紧身裤搭配大受追捧。另一位好莱坞"一姐"当属性感女神玛丽莲·梦露,她在晚礼服界可谓独领风骚,成为晚宴服装搭配的学习范本。伊丽莎白·泰勒、布里吉特·巴多特(Brigitte Bardot)、格蕾丝·凯莉(Grace Kelly)和索菲亚·罗兰(Sophia Loren)都是 50 年代大受追捧的时尚偶像,影响力延至当今潮流。

1. 奥黛丽·赫本

奥黛丽·赫本,1929 年出生于比利时布鲁塞尔,1954 年她在影片《罗马假日》中第一次出演女主角,成功地塑造了高贵优雅的公主形象。这个角色不仅让她一夜成名,同时还让电影中黑色短发造型盛行一时,并获得奥斯卡最佳女主角奖(见图 4-95)。1961 年,她主演了电影《蒂凡尼的早餐》。而剧中赫本穿着典雅小黑裙、带着银色珍珠项链,站在蒂凡尼(Tiffany&Co)橱窗前的画面则成为永恒的时尚经典瞬间。从此小黑裙开始风靡时尚界,这种简约中透着优雅的穿着,也被评为最实用的经典造型(见图 4-96)。

奥黛丽·赫本出现在第二次世界大战之后乐观主义盛行、经济蓬勃发展的时期,这是美国乃至世界的充满光荣与梦想的鼎盛时期。女性也正在这一时期得以纷纷步入职场，接受大学教育，经济得以独立，开始寻求自己的梦想。此时，她们全身心追求的角色楷模，已经不是男性心中幻想的那种理想女性，而是女性自我的理想样貌。奥黛丽·赫本正是应社会潮流和时代女性的需求而生。她以其欧洲人的优雅与美国人的活力、成熟世故与天真清纯复杂交织的特质，以其与生俱来的对时装的敏锐、识见与体悟，建立了现代美学的新标准。在 20 世纪乃至今天，是奥黛丽·赫本以激进的姿态和绝对的勇气，改变了世人所公认的美女定义。赫本的出现完全打破了美国人对时尚审美的限制，他将女性从对丰满的胸部或身体的近乎偏执的或自虐般的自我预设中解放出来——"她是第一位不以性感取胜的女演员"。

图 4-95　《罗马假日》中的造型　　　　　图 4-96　赫本在《蒂凡尼的早餐》中的造型

2. 玛丽莲·梦露

玛丽莲·梦露，1926 年出生于加利福尼亚州洛杉矶市。1955 年的《七年之痒》是玛丽莲·梦露事业的分水岭和里程碑。她最著名的镜头——风卷裙边就出自这部电影：站在纽约地铁通风口的行人道上，穿行的列车带来的阵阵风吹起了她乳白色的露背连衣裙，梦露一脸娇羞，轻轻用手压住。虽然电影中没有特写，但宣传照让梦露的这一刻性感、纯真、甜美、迷人永恒定格（见图 4-97）。

关于玛丽莲·梦露的传奇，永远逃不掉的两个字是性感，标志性的金发碧眼和令人羡慕的身材，让梦露成为流行文化的代表。

图 4-97　梦露在《七年之痒》
中的经典造型

4.6.5　20 世纪 50 年代的色彩流行

1945 年，第二次世界大战结束，满目疮痍，百业待兴，各国都纷纷进入了战后重建的阶段。这段时期虽然没有炮火的袭击、生命的威胁，生活水平依旧被紧缺的物资牵绊着，但这也无法阻止时尚的重生和回归。

　　战后和平的生活催生了丰富多彩的艺术文化,轻松愉悦的娱乐项目如雨后春笋般涌现,音乐剧、电影、摇滚乐的发展欣欣向荣。年轻人渐渐地成为服装市场的潜在主力军,他们生活放荡不羁、追求自由,在经济独立的情况下极度想摆脱父辈的思想束缚,追求电影、音乐中的潮流,在服装中也是追求那些难以被父辈认可的叛逆的造型。在这种文化下,美国催生了被称为"垮掉的一代"的文学流派,他们生活自由,狂放不羁,敢于冒险,对东方宗教文化充满好奇,推崇性解放,在服装上最经典就是条纹衬衫和宽松裙子,还有统一的黑色短袖、高领、铅笔裙和紧身裤。

　　1. 粉色热潮

　　50年代经典的色彩有粉色、红色、黄色、紫色、黑色、白色。

　　粉色,作为一种柔美、梦幻的色彩,一时间风靡美国。1953年,美国第一夫人玛米·艾森豪威尔(Mamie Eisenhower)身穿一身镶满水钻的粉色礼服出席其丈夫艾森豪威尔总统的就职典礼(见图4-98),并表示作为一名女性她会好好照料家庭,支持自己的丈夫。艾森豪威尔夫人钟爱粉色,她不仅喜欢粉色的服装,还将白宫里的家具、厨具、壁纸等都换成了粉色。因此,人们笑称白宫为"粉宫"。在电影中,玛丽莲·梦露在《绅士爱金发美人》中穿着粉色的小礼服周游在男性中(见图4-99);奥黛丽·赫本在《甜姐儿》中穿着粉色的职业套装(见图4-100),优雅可人,电影中的时尚编辑疯狂地呼吁着"女人要把蓝色工装和黑色丧服丢出衣柜,女人就该喜欢粉色"。电影中女星们优雅美丽的形象让粉色更加受到女性们的喜爱,市场上随处可见粉红色衣服(见图4-101)。道奇汽车首度推出了针对女性的粉色汽车(见图4-102),一时间成为热门话题。此外,还有各种各样针对女性的粉色产品(见图4-103),从现存的广告单、照片、画报中可以看到粉色几乎席卷了与女性相关的所有生活用品,甚至连棉签、化妆棉都被制造成粉色。

图4-98　玛米·艾森豪威尔　　　　图4-99　玛丽莲·梦露　　　　图4-100　奥黛丽·赫本

图4-101　服装广告中的粉色

图 4-102　粉色的道奇汽车

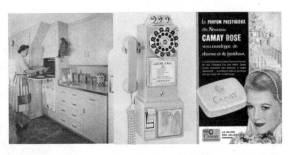

图 4-103　粉色的家居用品

2. 优雅经典

50 年代的西方服装被称为最优雅的时代,典雅的服装风格与战争时期的男性化形成了鲜明的对比。英国时尚业开始采用创新的立体化剪裁和精细的手工艺,重新演绎高贵典雅风,女性曲线再次成为服装的重要诉求。迪奥优雅的"新风貌"裙装风靡欧美,成为其品牌的经典形象。以优雅著称的迪奥女装在这一时期的色彩都偏向暖色系,耀眼的红色、高贵的裸粉色、鲜嫩的鹅黄色被大量使用,黑色、白色、灰色也是经久不衰的经典色彩(见图 4-104)。

纪梵希则是推出简单的棉布衬衫、风衣、裤装和羊毛开衫,简单舒适的两件套日常装,还为奥黛丽·赫本设计了《蒂凡尼的早餐》中经典的小黑裙,俏丽而经典,至今仍不断被模仿。纪梵希秉持着与迪奥不同的时尚理念,他认为时尚是简单、方便、日常的,少了点优雅,多了些俏皮,所使用的颜色也很丰富多彩,除了礼服上永恒的经典——白色和黑色外,日常服中的紫色、红色、粉色、鹅黄色、草绿色也都十分亮眼(见图 4-105)。

图 4-104　20 世纪 50 年代迪奥的服装

图 4-105　20 世纪 50 年代纪梵希的服装

4.7　本章小结

　　本章探究下传理论引导的服装流行传播历程，归纳了维多利亚时期、爱德华时期、20 世纪 20 至 50 年代的时代背景、流行的典型着装、代表性设计师及社交圈、时尚代表人物以及具有代表性的色彩流行。

5

The spread of fashion under the guidance

of bubble-up theory

上传理论引导的

服装流行传播

本 章 概 要

20世纪60年代年轻化的着装风格 / 20世纪70年代嬉皮士风格的流行

20世纪80年代街头时尚的流行 / 20世纪90年代极简主义的流行

5.1 20世纪60年代

5.1.1 时代背景

20世纪60年代是一个在文化、社会和政治上变化、革命和叛乱的时代。

越南和美国之间的战争不断升级,这导致了美国青年的反战思潮。然而,和平的大环境,使一些美国年轻人有机会在发展中国家生活和工作,促进世界和平与友谊。太空探索在继续,阿波罗号飞船降落在月球上,阿姆斯特朗成为第一个在月球上行走的人,他那句"一个人的一小步,却是全人类的一大步"启发了世界。

在这一时期,女性主义运动激增,避孕药的引入给予女性新的性自由意识。从20世纪50年代的民权进步,牧师马丁·路德·金①和他的"我有一个梦想"的演讲鼓舞了20世纪60年代种族大平等的运动。这些运动仍然实现了未来十年的主要目标。

在经济飞速增长的60年代,迫于快节奏的现代化消费生活,几乎每个家庭的双亲都会参加工作。虽然孩子们的生活物资丰富了,但因缺乏家庭温暖,在情感上饱受挫折与不安。在此背景下,美国相继兴起了避世派、嬉皮士(Hippie)运动,大学校园里兴起了反传统反体制运动等。年轻风暴强制性改变人们的世界观、价值观和审美观,嬉皮士、反体制反传统的内容中还包括反工业社会带来的公害现象,嬉皮士运动随之转变为绿色革命(Green Power),基于回归自然的意思,同时也孕育出追求民族、民间风味的流行趋势。

社会的变革和时代的动荡推动了艺术和音乐的独创性。以甲壳虫乐队为首的英语音乐与美国歌手海滩男孩、詹尼斯·乔普林和吉米·亨德里克斯流行起来。1969年的伍德斯托克音乐节,是那个时代的青年的重大事件。

波普艺术家安迪·沃霍尔创作了如坎贝尔汤罐头、打印可口可乐和1950年的大众偶像玛丽莲·梦露和埃尔维斯-普雷斯利的名人肖像。

这一时期的时尚成为探索新的价值观的一种方式,找到了属于一个群体的感觉。男人穿夹克、裤子和运动衫,保持一个干净的外观。妇女穿着裙长至膝盖以下的淑女装。

成衣的市场扩大,可向消费者提供更多的时尚风格。制造商开始在成本较低的国家

---

① 马丁·路德·金是著名的美国民权运动领袖,1964年度诺贝尔和平奖获得者,有"金牧师"之称。1963年8月28日,马丁·路德·金发表了《我有一个梦想》的演讲。

加工衣服。此外,零售业因陆海军商店、购物商场和人们重新关注复古服装的兴起趋势而改变。

合成纤维和新的织物技术被广泛运用在成衣生产中。服装成为可穿戴式艺术。通过定制和艺术版画、迷幻图案、荧光颜色及不匹配的图案流行营造了一种全新的时尚风格。超短裙的出现成为这个时代更为明确的风格,露出膝盖和大腿的裙子在后来的时尚中再也没有消失。

5.1.2 年轻化的着装风格

通过甲壳虫乐队和英国的影响,现代风格变得流行起来。玛丽·奎恩特(Mary Quant)推出迷你裙以及紧身衣和及膝靴子搭配。男人们穿着爱德华时期的风格,梳着碗盖头,戴着眼镜。女人以崔姬(Twiggy)为偶像,她非常年轻,有着像小男孩般纤瘦的体型,体现着"年轻风暴"背景下的典型特征。妆容方面强调大眼睛以及苍白的嘴唇,整个造型看起来就像一个小孩。当时炙手可热的造型是蓬松的发型、假发、超短裙和女士齐膝长筒靴,同时野生图案和鲜艳的颜色很受欢迎。

嬉皮士的风格成为年轻的男人和女人所喜爱的"自由"穿着的时装风格。服装往往是松散的,由天然纤维制造成类似于吉卜赛式样的风格,可以看见服装的手工细节,如扎染、蜡染、刺绣。男女的衣服包括喇叭牛仔裤、只穿上衣、不戴胸罩、戴印花头巾,并且喜爱珠子装饰。男女都可以留黑人长发发型样式。

太空时代风格的服装开始流行,未来感的合成纤维织物形成服装的几何轮廓。

20世纪60年代从根本上改变了未来的时尚方向。个性和自我表达变得极为重要。人们不再追随社会精英的风格,发展自己的外表改变了时尚后来被人们所感知和创造的事实,甚至欧洲的服装设计师在观察到美国成衣产业的增长时也开始发展成衣。

在20世纪60年代时尚几乎不分男女,反映在态度上的变化就是对性别的传统观念。男人和女人都穿着类似的衣服,包括裤子和牛仔裤。妇女的穿着也出现了西装和吸烟装。在未来的十年里,妇女们努力地寻找平等,建立起关于女性美的观念。

在这个十年结束的时候,经济环境恶化和社会持续动荡使乐观的感觉开始消失。

5.1.3 代表性设计师及其社交圈

1. 玛丽·奎恩

玛丽·奎恩(Mary Quant)出生于英国,1966年创立了她的同名品牌,她在英国时尚界掀起了迷你裙旋风。她的设计推陈出新,自由发挥,并结合几何发型、烟熏妆,创造出经典的"Chelsea Look"(切尔西风貌)(见图5-1)。

玛丽·奎恩成为60年代红极一时的时尚代表。她不同于以往的设计大师,并不是一个自始至终的时装家,但她却是60年代伦敦时装狂飙运动的领袖,被誉为"迷你裙之母"。

2. 安德烈·库雷热

安德烈·库雷热(André Courrèges)于1923年出生于法国巴斯克地区的帕劳。作为

图 5-1　玛丽·奎恩和她的超短裙设计

一个年轻人，他对艺术、设计和时尚的一切都很着迷，并希望成为一名画家（见图 5-2）。早年学习工程学，而后到巴黎学习时装设计。60 年代，他先锋性地尝试了"太空主题"造型（Space Age Look），他的设计给予女性的身体以自由度与舒适感，与其说库雷热是在"设计"裙子，不如说他是在"建造"裙子。安德烈·库雷热将材质放在非常高的地位，以至于人们时常能从他的模特身上看到几何效果：正方形、梯形或三角形。

图 5-2　安德烈·库雷热在巴黎的工作室中

60 年代是时装最为骚动的年代，设计师们在高科技和新观念的刺激下，纷纷寻找新的突破口。安德烈·库雷热被奉为 60 年代"未来主义"大师。在巴伦夏加手下工作十年后，安德烈开创了自己品牌。1964 年发布了第一个春装系列，主打超短裙和裤装套装，采用厚重感的材质，安德烈的"太空时代"时装问世。白色、银色系、亮片、厚垫防寒靴和太空帽都是安德烈的经典设计。他设计的超短裙更是成为社会热议话题，时尚杂志 Vogue 称其为史上裙摆长度的极限。

在他的作品中，最为人所熟知的莫过于"月亮女孩风貌"，那些有棱角的超短裙，半腿平底靴，配套着护目镜与头盔的女衫裤套装均受到了宇航员装束的灵感启发。60 年代法国香颂女神冯丝华·哈蒂(Françoise Hardy)也曾演绎安德烈·库雷热经典造型(见图 5-3)。安德烈·库雷热原创的"太空时代"时装,无论是裙装还是裤装,都线条笔直、犀利,有棱有角,带有明显的中性风。这种高度整洁的审美取向成为安德烈·库雷热(Andre Courreges)的签名式设计,并迅速传遍了整个时装设计界。

钟形帽、具有太空时代感的太阳镜、线条犀利的外套,使得奥黛丽·赫本在其 1966 年主演的电影《偷龙转凤》(*How to Steal a Million*)中演绎了安德烈·库雷热的招牌式设计。白色、黑色或红色等非常浓烈饱和的颜色,是库雷热最爱用的颜色(见图 5-4)。

图 5-3　冯丝华·哈蒂演绎的"月亮女孩风貌"　　图 5-4　《偷龙转凤》中赫本的造型

安德烈·库雷热选用白色和明快浅色面料设计服装,采用几何剪裁,使服装具有宇宙航行服的显著特征,而帽子、怪异的眼镜、手套、具有光泽感的皮质高筒靴也都与之相配,给人一种前所未有的神秘感和未来感,成为一代开创简约风尚的超前先锋(见图 5-5)。安德烈·库雷热在 60 年代推出诸多原创设计,并深刻影响至今,可谓 20 世纪最伟大的时装设计师之一。

图 5-5　安德烈·库雷热的未来主义设计

出于对建筑设计实用主义审美的全面理解,运用曾在巴伦夏加门下熟练掌握的剪裁技巧,以及他自己的摩登主义倾向,库雷热创造了一种完全不同于巴伦夏加的新女性形象。安德烈·库雷热和同为巴伦夏加门徒的妻子可奎琳·巴利耶(Coqueline Barriere)都从巴伦夏加那里学到了非常重要的一课,就是将目光从琐碎的装饰细节上移开,从而在整体廓形上把握设计的效果。所以,库雷热常从经典男装中借用灵感,使得他设计的女装线条简洁,款式单纯而抽象。

早期的安德烈·库雷热高级女装仅售予私家代理人,1969 年后,安德烈·库雷热品牌高级成衣线的开辟使普通时尚爱好者也有了拥有一件库雷热时装的机会。但是,1969年的"硬边款式"明显有违于当时正流行的"嬉皮风貌"。20 世纪 70 年代的少数民族风格和创新的 A 形裙配方廓形外套,似乎也偏离了同时代的时尚步调。因此安德烈·库雷热品牌一度陷入低谷,设计师安德烈·库雷热也从此淡出时尚主流。

20 世纪 90 年代,时装界开始回归潮流,尤其是 20 世纪六七十年代的时尚风貌复活。安德烈·库雷热虽已退出高级女装行列,但那些具有建筑几何线条分割风格的设计,如短裙系列等,在新一代消费者中再度流行,安德烈·库雷热品牌再度被人们关注。

3. 伊夫·圣·洛朗

1936 年,伊夫·圣·洛朗(Yves Saint Laurent)出生于法国属地阿尔及利亚,幼年时便酷爱戏剧,曾设计过舞台布景,同时对素描及绘画有极高的天分,注定会在创作的道路上大放异彩。他 17 岁时,便被世界知名的时尚杂志 *Vogue* 发掘,被誉为"神童"。21 岁时因克里斯汀·迪奥先生过世而继任迪奥工作室的首席设计师,设计出风靡一时的时装,真可谓少年得志,意气风发(见图 5-6)。

1958 年,当时还身为迪奥女装首席设计师的伊夫·圣·洛朗在一场社交活动中认识了皮埃尔·贝尔热(Pierre Berge),两人一见钟情,并迅速陷入热恋。1962 年,伊夫·圣·洛朗与同性恋人皮埃尔·贝尔热开始共同创业,从此开了伊夫·圣·洛朗品牌的传奇。皮埃尔·贝尔热是伊夫·圣·洛朗品牌的 CEO,虽然他们伟大的爱情到 1976 年结束,但两人却保持了终生的朋友关系(见图 5-7)。

图 5-6 伊夫·圣·洛朗

图 5-7 伊夫·圣·洛朗与
同性恋人皮埃尔·贝尔热

1976 年,圣罗兰(YSL)进入前所未有的高峰期,推出一系列具有国际特色的 Cossack 时装系列,同时含有吉卜赛、印度、高加索、斯拉夫、土耳其等样式,伊夫·圣·洛朗的时装流露着他对历史、艺术、文学的热爱,同时也反映着摩洛哥、中国、日本、西班牙等多重异国风貌。圣罗兰更善于从当代绘画大师的作品中吸收灵感,如毕加索等人的画作,往往成为他选取颜色的灵感。圣罗兰本人对颜色的天生敏锐,令他在时装设计上游刃有余(见图5-8)。

| 吸烟装 | 狩猎装 | 蒙德里安裙 | 礼服设计 |

图 5-8　伊夫・圣・洛朗作品

伊夫・圣・洛朗把抽象派艺术和现代流行文化融合到时装里,发展出新造型主义的蒙德里安风貌(Mondrian Look)。Le Smoking 是 YSL 的鼎盛之作,是时代的象征,也是女权主义的完美演绎。圣罗兰还有不少开创性设计,如红色夹克(1962)、薄纱衬衫(1966)和西装裤(1968),特别是工装夹克,在超模维鲁舒卡(Veruschka)的推崇下,成为炙手可热的潮流。圣罗兰创造了现代女性的服装,改变了整个时装格局,是成衣时装的缔造者。

5.1.4　时尚代表人物

60 年代更多的时尚偶像开始涌现,崔姬凭借着古怪独特的造型成为新的时尚偶像,是第一个真正的超级名模。同时,名模 Patti Boyd 也长期担任意大利和英国 *Vogue* 的封面女郎,被音乐家乔治・哈里森(George Harrison)和埃里克・克莱普森(Eric Claption)奉为缪斯女神。佩内洛普・翠(Penelope Tree)是 20 世纪 60 年代的"It girl"、被认为是第一代超模之一,她与摄影师大卫・巴利(David Bailey)的亲密合作,缔造了许多时尚经典。歌手在 60 年代也开始成为时尚偶像,德斯蒂・斯平菲尔德(Dusty Springfield)以沙哑而触动心灵的歌声闯荡江湖,希拉・布莱克(Cilla Black)也是当时的当红歌手。

崔姬,原名 Lesley Hornby,她于 1949 年出生于伦敦北部的一个中产阶级家庭,她的父亲是一名木匠。由于她身材瘦小,看上去有着未发育完全的胸部,以及细骨伶仃的长腿,十分像是一个用细长树枝拼出来的小假人,因此"Twiggy"这个绰号一直伴随着她本人(见图5-9)。

崔姬便是带着一头标志性的短发,在一名叫巴里・拉特根(Barry Lategan)的年轻摄影师的工作室,拍摄了一组理发店的橱窗展示照片。巴里觉得镜头前的这个女孩子非常有趣,瘦小,没有女人的玲珑曲线,像个小男孩,还顶着男孩一样的发型。无辜的大眼睛上带着 3 层假睫毛,鼻翼两边的雀斑清晰可见,在面对镜头时,更有种受惊的小鸟的表情。很快,巴里拍的照片便被 *Daily Express* 日报发掘,并评论崔姬为:"一张能代表 1966 年的脸。"17 岁的崔姬一夜之间便成为 1966 年最具知名度的模特,频频出现在各种报纸杂志上。她不仅作为平面模特吸引大众目光,更在当年推出了自己的第一支流行单曲 *Beautiful Dreams*,在英国大获成功。此时,尼格尔开始带着崔姬打入欧洲市场,使她迅速成为 *Vogue*、*ELLE* 等杂志的封面女郎。这个身高 1.67cm、体重只有 41kg 的女孩子仿佛"横空出世"一般,从英伦三岛风靡至整个欧洲。

图 5-9　崔姬

尼格尔非常懂得经营崔姬这个品牌。他组建了崔姬实业公司,推出崔姬牌衣服、彩色袜子、假睫毛、化妆品、玩具娃娃、日历、海报招贴,甚至午餐盒……所有的这些,无不时刻体现着崔姬那些令人过目不忘的显著标签——经常身着色彩鲜艳的超级迷你裙,并露出笔直纤细的筷子腿,没有胸部曲线、腰线、臀线,看起来有些笨拙,却拥有孩子般的纯真无邪。在此之前,不会有人认为这样的女性是美丽的,正是崔姬的出现,才打破了当时人们与以往截然不同的审美观。她甚至被英国媒体打造成代表着叛逆、自由、独立的新女性形象,这让原本毫无曲线和女人味可言的她,反而成为所有想摆脱一成不变生活的女人们的偶像。

崔姬之所以在美国比欧洲更为成功的最重要原因之一,是因为在此之前,美国媒体和大众从未见过崔姬这样的女人。从 20 世纪 50 至 60 年代,各大杂志、报纸,以及电影、招贴画中所出现的多是优雅、端庄如格蕾丝·凯利(Grace Kelly)一般的知性淑女。而红遍全球的玛丽莲·梦露那样玲珑丰满的曲线才是当时女性的时尚标杆。她们的形象与像小男孩一样的崔姬相比几乎是完全对立的,崔姬带来的全新形象对于 60 年代的人们来说是耳目一新的,其代表着挣脱束腰、珠宝等夸张元素的女性新潮流。

5.1.5　20 世纪 60 年代的色彩流行

20 世纪 60 年代是一个大变革的时代,高科技和新观念不断地更新着人们的认知,时尚、音乐和社会都发生了天翻地覆的改变,旧习俗被一一打破。随着生活水平的提升,人们越来越注重娱乐生活,特别是年轻人享受自由、强调个性、追求改变、娱乐至上。他们在各自的时尚理念的影响下通过外在的服装阐述内心的思潮,形成不同的服装风格,比如崇尚和平、放荡不羁的嬉皮士风格,摇滚乐、欧普和波普艺术也深深影响着服装风格。日新月异的科技为当时的人类描绘了一幅充满遐想的未来画卷,特别是在 1961 年,苏联宇航员尤里·加加林成为太空第一人后,美国宇航局开启了为期十年的阿波罗登月计划,这一系列太空活动更是让未来科幻感的时尚观念成为流行。

60年代是疯狂的年代,是革新的年代,是时装最为骚动的时代,现代女装的款式在此时发展成熟,嬉皮士、摇滚风、男孩风、波普、欧普、几何解构等服装风格在此时出现并流行,形成了绚丽斑斓的时尚风潮,并对后世时尚风格产生重要影响。60年代经典色彩为白色、红色、黄色、蓝色、绿色。

1. 崇尚多彩自然的嬉皮士风格

第二次世界大战后追求和平成为世界主题,主张爱与和平的嬉皮士文化在60年代蔚然成风,他们以一种看似颓废的服装风格表达内心的放荡不羁,排斥战后膨胀的物欲,热衷神秘的东方文化并崇尚自然。嬉皮士们主张DIY(Do It Yourself),他们在自己家中编织、缝补服装,用扎染、串珠等方式装饰,而且植物图案的印花是必不可少的元素。嬉皮士的服装色彩以柔和的自然色彩为主,土地的深黄色、夕阳的暗红色、湖水的深绿色、天空的蔚蓝色、花朵果实的五彩色,都是他们喜欢的色彩(见图5-10)。

图5-10 20世纪60年代的嬉皮士们

2. 年轻活力的 the Mods

60年代丰富多彩的文化思潮改变了很多人的生活态度,也改变了人们对美的定义。年轻人中开始流行一种称为Mods的生活态度。年轻的姑娘们不再追求传统意义上优雅的曲线、得体的打扮,她们剪短了头发、穿着平底鞋和遮盖了身体曲线的直筒型服装,爱看时尚杂志、爱听流行乐、喜欢在夜店狂欢。超短裙的出现更加刺激了女装的变革,无论短裙还是连衣裙,裙摆的长度不停上移;伊夫·圣·洛朗推出简单舒适的女性夹克衫、衬衫和西装裤,创造了现代女性的着装风格;受到安迪·沃霍尔、蒙德里安等艺术家的影响,波普艺术、欧普艺术、抽象艺术风格的服装大肆流行,因此服装中常出现以三原色为主的高纯度的鲜艳色彩和几何图形,迷幻的几何印花图案层出不穷。名模崔姬就是这种风格最典型的代表,短发、大眼睛、干瘦的体型、平坦的胸部像个男人一样(见图5-11)。

服装大师伊夫·圣·洛朗于1961年创立了自己的品牌,他从抽象艺术中汲取灵感进行服装创作,最有名的就是将抽象派艺术家蒙德里安的作品转印在了服装上。伊夫·圣·洛朗的客户群体不全是崔姬那般的少女,他将街头年轻人喜爱的时尚变得优雅,更容易让上层社会的人接受。在色彩上,红色、白色、粉色、紫色出现频率较高(见图5-12)。

图 5-11 崔姬和 20 世纪 60 年代的时尚模特们

图 5-12 20 世纪 60 年代伊夫·圣·洛朗的服装

3. 太空探索与叛逆的摇滚乐

虽然这是一个和平的年代,但由于美苏两个超级大国处于冷战状态,他们以航空实力作为国力的象征,纷纷将宇航员们送上太空,甚至月球。对于太空的探索激发了人们对未来科技感时装的兴趣,具有宇航服和太空感觉的 PVC 塑料、皮革、金属等反光材料被运用在服装中。这些代表着"未来"的服装吸收了波普和欧普艺术的概念,在彩色印花的布料上加入银色系的元素,反光的质感犹如太空中的星辰。设计师们纷纷从中获取灵感引领潮流,金属链条腰带、塑料耳环、反光装饰、厚重感的面料成为时尚热点。这种金属外太空风服装也被当时的摇滚乐爱好者们所喜爱,并形成自我特色。黑色皮夹克、金属装饰、机车靴子是当时摇滚青年的标准配置。

安德烈·库雷热从太空元素中找到了时尚的突破口,以厚重感的面料、白色系和银色系等相对单一的色彩创造了一个充满未来感的服装风格(见图 5-13)。而皮尔·卡丹以一种打破常规的解构设计来诠释太空感时尚,仿佛将光怪陆离的外太空生物赋予服装中(见图 5-14)。他的设计色彩斑斓,对比强烈,并运用皮革、PVC 的反光质感来增强服装的视觉色彩。

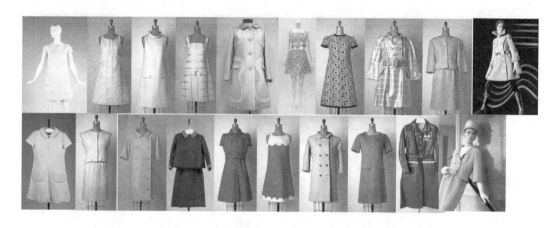

图 5-13　20 世纪 60 年代安德烈·库雷热的服装

图 5-14　20 世纪 60 年代皮尔·卡丹的服装

5.2　20 世纪 70 年代

5.2.1　时代背景

20 世纪 70 年代是受社会动荡困扰的年代。在这一时期发生了几个重大事件,包括反战游行——反对越南战争、第一个同性恋大游行和地球的运动,妇女和少数民族继续争取平等权利等。经济状况和持续的通货膨胀增加了时代的混乱。人们试图逃避现实,寻找自我。这一时期被称为"我的十年",因为大多数人的主要关注点从社会和政治正义的问题,在 20 世纪 60 年代转移到以自我为中心,专注于个人幸福是如此重要。当美国人转向内在时,他们通过更新精神世界,借助于书籍阅读或运动寻求安慰。许多人停止了试图完善世界,而开始试图完善自己。

同性恋运动前进了一大步,在 20 世纪 70 年代,公开的同性恋政治人物参加公职选举。在这十年里,出现了许多名人,使同性恋文化成为引人注目的焦点。

最流行的娱乐形式——电视,使得大众文化继续影响时尚。到了 70 年代,几乎每一个美国家庭都有彩电,有些家庭有两个或两个以上的彩电。

音乐经历了这十年的变化,摇滚乐不断发展,产生了新的变化,如朋克摇滚、新浪潮和重金属。朋克乐也成为一个独特的美国黑人的音乐形式,朋克乐和摇滚灵魂元素创建了迪斯科。

在时尚界,杂志考虑到了新的价值观和生活方式。约翰逊·贝弗利(Johnson Beverley)成为美国时尚封面上出现的第一个黑人模特。随着品牌和标签意识的增长,美国设计师们成功地接受了全球消费者,更多的美国产品转移到海外制造。

聚酯纤维被广泛使用,并以它明亮的颜色和质地而闻名。聚酯衣服是有吸引力的,因为他们很容易洗,不需要熨烫。大量聚酯纤维被投入时装市场,导致聚酯衣服失去了它的时尚优势,后来加氨纶的拉伸面料开始出现。

到 20 世纪 70 年代末,越南战争终于结束,社会习俗也开始不断变化。关于时尚的普遍规则不再适用。负责与风格部落增加消费,时尚系统需要进行改造。街头的风格往往决定了什么样的时尚将进入主流。随着越来越多的世界性事件和新闻的报道,时尚受到来自政治制度的影响,人口和价值观的影响。随着经济危机接近尾声,新的尖端技术和全球制造业为时尚提供了一个新的未来。

5.2.2　嬉皮士风格的流行

在 70 年代,服装向两个极端发展:一是年轻的文化依旧持续流行,嬉皮士文化对服饰的影响达到顶峰,在金钱上十分大方的嬉皮士们经常进行海外旅行,从印度带回的披巾,从阿富汗带回的上衣,或是摩洛哥人工作时穿的长袍等,都使嬉皮士们觉得比旧工业社会时期更富有自然美的价值。这些倾向很快引起成衣界的重视,一时间变成一种服饰风尚;二是服装流行趋势开始向极简主义发展,侯司顿的简洁设计和史蒂芬·布罗斯(Stephen Burrows)大胆撞色的简洁设计都在当时受到追捧(见图 5-15)。

嬉皮士的形象流行起来,并融入了不同文化风格。高田贤三将狂野模式和大胆的色彩增添进服装,创造看起来令人兴奋的民族感,从中国农民的棉袄到印度棉花纱礼服,似乎每一个民族的图像都能形成一种趋势,振兴来自世界各地的工艺技能。

5.2.3　代表性设计师及其社交圈

1. 川久保玲

川久保玲(Rei kawakubo)是 70 年代日本设计师中的代表人物,给流行时尚界带来了富有东方内涵的设计。川久保玲试图打破人们对传统女装的概念,尝试从偏男性化的风格和日本传统文化中汲取灵感,不断地推翻旧的理论,打破传统,创造新的事物。川久保玲和山本耀司在那个年代,都是当之无愧的先锋设计师。二人在时装的道路上曾经互相

图 5-15　嬉皮士避世闲散的着装风格

扶持，一起走过很长的道路，一起征战巴黎，征服西方时装界，并且二人在颜色上的喜好都出奇一致，都极度迷恋黑色。他们坚信黑色是最本质的颜色（见图 5-16）。当时山本耀司经常与川久保玲见面，两人曾陷入一场旷日持久的恋情之中，但最后川久保玲还是嫁给了一位英国设计师。

图 5-16　年轻时的山本耀司和川久保玲

　　川久保玲用色朴素，常用黑白色，结构设计中融入现代建筑美学概念，大胆地打破华美高雅的西方传统女装，斜线型的裙装下摆、毛衣上的破洞、故意保留的缝线针迹造就了所谓的“乞丐装”（见图 5-17）。独特创新的设计注定了川久保玲在时尚圈的成功。她的品牌叫“COMME des GARCONS”，法文意思是“像个男孩”，1975 年，她在东京首次举行女装发表会。1978 年再推出男装“HOMME”。1981 年在巴黎举办的女装发表会引起世界流行舞台的重视，隔年更以有名的之乞丐装概念引领当代潮流。

　　宽松、立体感十足、不对称剪裁、没有过多女性的柔美线条，有人说她做的衣服像是困服，也有人说是乞丐装，有褒有贬。在巴黎的初期，时装界人士对她的设计普遍表示不屑，她那些怪异、不对称、男性化的作品被讥讽为“后原子时代”的“广岛土产”。但西方时尚界逐渐发现，川久保玲的设计独具一格，十分前卫，融合了东西方的概念，故被服装界誉为

图 5-17　乞丐装

"另类设计师"。她的设计正如其名,独立、自我主张——只要我喜欢,有什么不可以。她将日本典雅沉静的传统、立体几何模式、不对称重叠式创新剪裁,加上利落的线条与沉郁的色调,与创意结合,呈现一种独特的美感。

　　COMME des GARÇONS 1997 春夏"肿块"系列,是最具争议的一个例子(见图 5-18)。川久保玲在服装的臀部、颈部及胸部都设计了不对称的肿胀填充物。她解释这个系列的设计概念为"服装邂逅身体,身体邂逅服装,它们合二为一"。"我不认为这些衣服可以成为日常服装,但 COMME des GARÇONS 对时装界而言就是应该永远新鲜。服装所能引起的刺激事件比以穿着为终极目的要重要得多。"川久保玲之所以能够成功,一方面是因为她设计的奇装异服背后那套个性的哲学和"主义",另一方面则是因为其在商业运作上出其不意又花样百出的经营方式。用"川久保玲式"的不对称开孔设计和毛边细节,重新演绎了路易威登(Louis Vuitton)家的 Sac Plat 手袋,推出了一款引人瞩目的"Bag with Holes"(见 5-19)。

图 5-18　"肿块"系列　　　　图 5-19　COMME des GARÇONS 和 LV 合作

　　美国时尚界给予川久保玲"流行先锋"的称号,赞美她不仅在服装设计上开创新意,而且在经营品牌旗舰店上眼光独到。很早,川久保玲就在没有设计师设店的纽约艺术区Soho开设了第一家服饰店;不久后,Soho到处是名牌精品店,川久保玲则退出这个热门区域,率先迁到原是仓库林立的切尔西区,超现代感的室内装潢再次引起轰动。

2. 薇薇恩·韦斯特伍德

薇薇恩·韦斯特伍德(Vivienne Westwood),人称"朋克教母""英国女魔头""西太后"(见图5-20)。具有讽刺意味的是,薇薇恩·韦斯特伍德居然从未受过一点点正规服装剪裁的教育,这样顶尖的时装大师竟是一位自学成才的典范。

1965年,她和德瑞克·韦斯特伍德离了婚,遇见了麦克拉伦(Malcolm McLaren),扭转了她的人生(见图5-21)。

图 5-20　薇薇恩·韦斯特伍德　　　　图 5-21　薇薇恩·韦斯特伍德与麦克拉伦

1970年,在麦克拉伦的劝诱下,两人一起在伦敦英皇道430号开了第一家时装店。店名也很符合他们的个性:"Let It Rock"。70年代,追求爱与和平的嬉皮文化以及强调性爱、破坏的朋克文化是英国社会的主流。这时候,Let It Rock推出麦克拉伦设计的Teddy Boy服饰和代表摇滚的街头时尚。有趣的是,麦克拉伦不断更改时装店的名字。两年后的1972年,他将店名换成皮外套的广告词(Too Fast To Live, Too Young To Die),成为引领疯狂、野兽派的街头时尚。

随着时间流逝,他们的时尚偏好越来越变态。又过了两年,他们把店名改为更赤裸的"SEX",走向前卫的巅峰(见图5-22)。他们用色情元素装潢店面,贩售性感服饰和幻想服饰。当时,他们设计的T恤结合了纳粹标志和英国女王的照片,加上"Destroy"(破坏)等偏激的单词。他们还因贩售印着同性恋牛仔的衣服,被以妨害风化罪起诉。就这样过了两年,1976年他们再度更改店名。新的名字是"Seditionaries"(叛乱者),这里可以说是伦敦第一家真正贩售朋克衣服的店,为日后的英国朋克时尚带来很大的影响(见图5-23)。尽管麦克拉伦和薇薇恩设计了一般人跟社会都普遍无法接受的服饰,但他们推出的作品——尤其是"Bondage Suit"(束缚装)——却在英国的朋克时尚史上留下了重要的一笔。他们设计了带有铆钉和链条的服装,也推出破损衣服、用皮革线缠绕身体的衣服等前卫风格的服装,表现对于现存规则和体制的反抗。这种风格在英国年轻人之间迅速扩散,主导了70年代的英国朋克时尚。这一时期的设计,对薇薇恩日后的风格具有关键性的影响。1980年,著名的"世界末日"店诞生了。"世界末日"之所以成为当今世界上出名的时装店,就因为它是和法国时装店完全相反的"时装店"。因为她的店里一切都是荒诞无稽的,如七歪八扭的楼梯,逆向行走的时钟和稀奇古怪的服饰等(见图5-24)。

图5-22 "SEX"店   图5-23 Seditionaries(叛乱者)店铺内部   图5-24 "世界末日"店

1982年的春夏时装秀,她发表了富含原住民文化的作品"Sava-ge"(野蛮)。1983年的秋冬时装秀上,她发表了灵感来自涂鸦画家凯斯·哈林的"Witches"(女巫),是一组暴露下腹部的现代服装,那里有不按规律拼缀的色布、粗糙的缝线、邋遢的碎布块和各色补丁,这是一种前所未有的"时装"(见图5-25)。她的挑战虽然不可能获得全社会的共鸣,但毕竟使她赢得了世界的注目,获得满堂彩。而这也是麦克拉伦帮薇薇恩的最后一场秀。从此以后,薇薇恩·韦斯特伍德和麦克拉伦分道扬镳。

图5-25 薇薇恩·韦斯特伍德的"女巫"系列

薇薇恩·韦斯特伍德曾坦言:"我对剪裁毫无兴趣,只喜欢将穿上身的衣服拉拉扯扯。"她根本不用传统的胚布剪裁,而是用剪开的、以别针固定住的布进行设计。即使用"颓废""变态""离经叛道"等字眼来形容她也不为过。不管人们对薇薇恩·韦斯特伍德的设计或褒或贬,都不得不承认她那罕见的、乖僻古怪的设计思想对当今服装界的贡献。她的设计迎合了80年代时髦青年的审美,尤其是伦敦的青年"朋克""特迪哥儿",使得韦斯特伍德的服装具有世界影响。海福尔德评论说:"她是过去十年里英国最有影响的设计家,她的设计思想从根本上改变了我们的服装观念。"尽管她的设计没有成为巴黎时装界的主宰,也未能形成潮流,但她的影响主要是在观念上的,她的设计观不但极大地冲击了传统时装界,而且代表了激进的年轻一代(见图5-26)。

| 夸张的厚底高跟鞋 | 1989/1990秋冬系列 | 经典女胸衣设计 | 海盗靴 |

图5-26　薇薇恩·韦斯特伍德独特的设计

从某种意义说,她像20世纪60年代的玛丽·奎恩特一样,给予这个时装世界剧烈的撞击。薇薇恩·韦斯特伍德迷恋于撕开的、略略滑离身体的服装,她喜欢让人们在身体的随意摆动之间展露色情,因此,她经常会将臀下部分做成开放状态,或者在短上衣下做出紧身装,或者用一条带子连住两条裤管。奇特的垂荡袜也是她的发明。韦斯特伍德和"朋克"对传统时髦的藐视,对传统美的摒弃,却使这种反时髦、反时尚的样式又成为一种新的时髦、新的时尚。

5.2.4　时尚代表人物

1. 黛比·哈利

黛比·哈利(Debbie Harry)生于1945年,Blondie乐队主唱,20世纪70年代末最拉风的性感女人。Blondie乐队于1974年8月成立于美国纽约,纽约朋克摇滚(New York Punk Rock)的代表,以复古、仿效60年代女子乐团为出发点,翻开了美国新浪潮朋克最灿烂的一页,而这一切归功于有着一头金发的女主唱黛比·哈利的成功形象与精湛演出。Blondie的音乐呈现出极具旋律感的新浪潮,以及音乐节拍鲜明的朋克风等双重特色,再加上女主唱能令人回忆起女神玛丽莲·梦露的娇艳性感形象,而且还成功地把音乐与个人魅力发挥到了淋漓尽致,使得他们成为70年代末80年初纽约最具影响力的乐队之一(见图5-27)。

2. 劳伦·赫顿

年轻时的劳伦·赫顿(Lauren Hutton)登上 VOGUE 封面的次数竟高达41次。很少有模特能像劳伦·赫顿这样长期保持活跃,敬业和冒险精神是主要原因之一。60年代末,劳伦·赫顿便开始进军电影圈。她与众多知名导演有过合作,80年代,她的代表作是与 Richard Gere 共同主演的电影《美国舞男》。赫顿说:"从哪里开始并不重要,这个我不在乎,最重要的是女人们懂得了不再单纯听命于有2000多年历史的家长制社会。在我们

图 5-27　黛比·哈利

这个时代,60 岁的女人们也没有停止想要变得美丽动人。"

年过花甲的劳伦·赫顿,笑容仍充满自信,你能从她的眼睛里看见经过岁月沉淀的优雅和对生命的热情。如图 5-28 所示。

VOGUE 内页大片

1968年为CHANEL No.5代言

50岁登上Calvin Klein的秀台

图 5-28　劳伦·赫顿的经历

5.2.5　20 世纪 70 年代的色彩流行

20 世纪 70 年代的服装文化比 60 年代更加丰富多彩,人们不再追求统一标准的时尚形态,个性化和自我表现才是 70 年代时尚的精髓,无论是盖过臀部的迷你裙、膝盖上的短裙、长及小腿肚的中裙还是触地长裙,都给予女性更多的时尚选择。70 年代经典色彩有霓红色、黑色、红色。

1. 霓虹绚烂的迪斯科

迪斯科是 Discotheque 的简称,原意为唱片舞会,起先是指黑人在夜总会随着录音跳舞的音乐,随后人们沉浸在快节奏的音乐中,随意舞动,无拘无束地表现自己的个性。这种舞蹈与音乐一同构成了令人痴迷的迪斯科舞池文化——被灯光装饰的霓虹闪烁的舞厅、节奏感强烈的音乐、肆意扭动身体的舞者、闪亮飘逸的衣摆,在迪斯科舞池中人们可以忘记一切烦恼。在70年代中期,迪斯科发展到鼎盛时期,几乎每座城市都有迪斯科舞厅,其中最有名的就是位于纽约的54俱乐部。54俱乐部是美国俱乐部文化、夜生活文化的经典代表,聚集了当时的名流和无数的美女狂欢,不时有火辣的舞者在舞池中热舞,热闹非凡。54俱乐部不仅是迪斯科文化的中心,也是时尚的震源地。前往俱乐部狂欢的名流们无不精心打扮以便在舞池中展现自己的个性。为了与舞池内闪耀的灯光遥相呼应,迪斯科风格的服装(见图5-29)也总是闪亮无比,艳丽的红色、耀眼的金属光泽、显眼的白色、神秘的紫色、绚丽多彩的印花都是常见的,似乎最鲜艳的霓虹色也无法表达出人们内心的狂热。

图5-29　迪斯科风格服装

2. 重金属朋克风

70年代的社会文化虽然繁荣,但实际上经济低迷,人们将现实生活中的不满全部投入在娱乐文化中。60年代以猫王为代表的摇滚乐在70年代发展成了现代摇滚乐中的朋克音乐。

怨恨,进行控诉是朋克族的精髓,从朋克音乐诞生的那一刻起,朋克风格就变成另类时尚甚至"以反时尚为时尚"的标志。他们抵制装饰奢华的风格,剪破衣橱里的旧衣,并随心所欲地DIY。早期朋克的典型装扮是马丁靴、穿洞、金属链条、别针和扣锁。而发型方面,他们更是打破陈规,出现了淡色系的莫西干头(Mohican Hair Styles)。他们更是极致化了迪斯科风,苏格兰格子和铆钉的大量运用都是他们对传统时尚的呐喊。

朋克音乐与朋克风格一直都是亲密相连的,性手枪乐队(The Sex Pistol)在被誉为朋克之父的经纪人麦克拉伦的帮助下,成为炙手可热的乐团。麦克拉伦同时也有个大名鼎鼎的老婆——后来被誉为"朋克教母"的设计师薇薇恩·韦斯特伍德。他们在伦敦著名的时尚街道——国王大道——开设了时装"SEX",主要售卖皮革服饰和橡胶制品,并亲手打造The Sex Pistol的演出服。朋克风的服装颠覆了普通的审美观念,虽然色彩与迪斯科风格一样鲜艳,但带着一种反叛、不羁的感觉,刺眼的粉红色、鲜血般的大红色、混乱的格子、黑色的皮革、五彩的头发让朋克看起来混乱而自有风格(见图5-30)。

图 5-30　20 世纪 70 年代的朋克服装

5.3　20 世纪 80 年代

5.3.1　时代背景

20 世纪 80 年代的经济由婴儿潮一代和雅皮士(年轻的城市专业人士)的刺激再一次增长。品牌和设计师品牌成为身份的象征,信用卡普及、可支配收入增加,刺激了人们的购买力。

女性取得了巨大的进步,进入职场的"权力女性"表示妇女能做一切:平衡工作、家庭和生活。工作的妇女开始建立职业生涯,并在以后的生活中孕育孩子,许多家庭享有两份收入。

电脑的使用在工作场所变得普遍。一个新的技术时代开始了,计算机开始改造业务系统,现代化的电信设备、新的设计应用提高了生活和工作效率。休闲时间被电脑重新定义,带来了新的电脑游戏,比如任天堂公司推出的吃豆人作为视频游戏大受欢迎。

尽管在这个时代有许多影响因素,但流行文化成为将人连接在一起的一个强大方式。1981 年,随着 MTV 在第一家音乐电视频道播出,音乐表演者开始成为超级明星,如迈克尔·杰克逊和麦当娜。

在舞台上,麦当娜穿着她的挑衅性的胸衣。在音乐视频中,迈克尔·杰克逊穿着花哨的亮片夹克戴着他那著名的手套,无一不影响人们对时尚的选择。

乔治·阿玛尼以其精致的西装和复杂的晚礼服而闻名。克里斯汀·拉克鲁瓦(Christian Lacroix)以他的奢侈和戏剧风格而闻名。让·保罗·高缇耶(Jean-Paul Gaultier)显示了独立的和挑衅性的风格,如 80 年代麦当娜在舞台上穿着的著名胸衣。克劳德·蒙塔纳(Claude Montana)和蒂埃里·穆勒(Thierry Mugler)以非常宽阔的肩膀、纤细的腰部和未来感的廓形而闻名。

20 世纪 80 年代可以被定性为一个文化转移和经济波动的时期。增加的财富影响了工业化市场和美国的主导地位,同时引起社会性别角色的转变。这些因素在时装界产生了巨大的变化,因为它开始在国际上增长,同时提高了中产阶级的生活水平。这十年的炫耀性消费后,经济低迷,社会运动清醒了,开始向克制和节俭的方向发展。

5.3.2　街头时尚的流行

20 世纪 80 年代的流行趋势结合了街头时尚和高级时装,尤其受到街头 Hip-hop 音乐的影响。Hip-hop 是一种美国黑人街头文化,多样的 Hip-hop 文化发挥了黑人独有的乐观开朗的特质,逐渐在全美蔓延开来,进而扩散到全世界。Hip-hop 风格的主要特点为宽大的印有夸张 Logo 的 T 恤、拖沓的滑板裤、牛仔裤或者是侧开拉链的运动裤,配饰则包括巨大的太阳镜、渔夫帽和刻有名字的项链及腰带,手上戴好几枚夸张的戒指更是必不可少。直到现在,这些繁重的首饰还是 Hip-hop 的时尚标志(见图 5-31)。

图 5-31　典型的 Hip-hop 风格服饰

5.3.3　代表性设计师及其社交圈

1. 詹尼·范思哲

詹尼·范思哲(Gianni Versace),1946 年出生于意大利的雷焦卡拉布里亚,母亲是个裁缝,曾经开过一家名为"巴黎时装店"的店铺,他们三兄妹就是在这么一个充满工作气氛的环境下长大的(见图 5-32)。童年的詹尼·范思哲就喜欢学做裙装以自娱。回忆往事,他曾说:"我就是在妈妈的熏陶下,从小培养出对缝制时装的兴趣。"1972 年,25 岁的詹尼·范思哲来到米兰学习建筑设计。随后,一个偶然的机会,他为佛罗伦萨一家时装生产商设计的针织服装系列畅销,使他们的生意额猛增了4倍。于是,初尝胜利甘果的詹尼·范思哲便一发不可收拾地全身心投入到时装事业中。1978年他创立自己的公司,于1989年开设"Atelier Versace"高级时装店并打入法国巴黎时装界,1997年在美国遭枪击身亡。

图 5-32　范思哲及其兄妹

范思哲自幼就对古代历史文化万般神往,因而他决定用希腊神话"Medusa"(蛇发魔女)作为精神的象征:她代表着致命的吸引力,她以美貌诱人,传说见到她的人即刻就化为石头。范思哲一生都在追求这种美的震慑力,他的作品中总是蕴藏着极度的完美以致濒临毁灭的强烈张力。他在设计上惯用的鲜艳色彩,来源于希腊、埃及、印度等这些文明古国所带给他的灵感启迪。此外,其作品之中所散发出的"性感"则基于他对人体和肌肉美感的无比崇拜。范思哲的天赋在于他总是能分辨出亘古永恒的生活中那些优雅的东西,从迷乱躁动的日常生活中捕捉到独特和美好,然后通过他的设计成功地把生活中的现实美化成令人惊叹的式样。

表现性感的范思哲服装,一直深受社会名流、超级名模、影视巨星的青睐,像已故英国王妃戴安娜、名模"黑珍珠"娜奥米·坎贝尔(Naomi Campbell)、伊丽莎白·赫顿、影星黛米摩尔、猫王之女莎莉·普利斯顿、歌星麦当娜等(见图 5-33)。它那鲜艳夸张的色彩总能为穿着者制造如明星般抢眼的魅力,令人难以抗拒。

图 5-33　范思哲和娜奥米·坎贝尔、凯特·摩丝在时装发布会后的合影

范思哲的设计风格非常鲜明,是独特的、美感极强的艺术先锋,强调快乐与性感,领口常开到腰部以下,他撷取了古典贵族风格的豪华、奢丽,又能充分考虑穿着舒适及恰当的显示体型。范思哲善于采用高贵豪华的面料,借助斜裁方式,在生硬的几何线条与柔和的身体曲线间巧妙过渡。范思哲的套装、裙子、大衣等都以线条为标志表达女性的身体(见图5-34)。此外,范思哲像其他的意大利设计师一样,将美式的运动休闲装与意大利的豪华高级材质结合起来,造就了一种全新的"雅致"概念(见图5-35)。范思哲品牌的服务对象广泛,从王室贵族至黑人摇滚乐手,身份迥异。

图 5-34　范思哲的设计手稿

图 5-35　范思哲以梦露为设计灵感的礼服

范思哲生前不仅醉心设计,在广告方面也花了许多心思。首先是与广告业的人士交朋友,他们经常是范思哲的座上宾。

面对严酷的竞争,范思哲还有他的秘密武器,即能够在最短的时间内以最快的速度设计、生产和销售。

品牌也是范思哲最关注的问题。范思哲很早就发现,商品的品牌有异常的力量。1994年,范思哲推出了有范思哲标牌的床上用品和家用器皿;1997年秋,范思哲开辟了一条化妆品生产线,专门生产与范思哲服饰相配套的产品。此外,范思哲早就在纽约、伦敦和巴黎建立了公司和零售商店,使公司的产品直接与顾客见面而不用通过中间商,这样就把设计、制造和零售有机地结合在一起。美国《商业周刊》认为:"范思哲在激烈竞争的时装市场中几乎每一步都占据了优势。"

2. 山本耀司(Yohji Yamamoto)

1943年出生于横滨的山本耀司,母亲是东京城里的裁缝。20世纪60年代末,年轻的山本耀司就开始帮母亲打理裁缝事务。那时东京的裁缝地位低下,他们必须走家串户才能做到生意,而且只能走小门。在服装的裁剪上,也完全没有自己的主张,只能小心翼翼地照着西方流行的式样为雇主效力。但山本耀司却不甘于如此。他从法学院毕业后便去了欧洲,并在巴黎停留了一段日子。回到日本后,他决心再不让别人将自己视为下等人,因为他已经认识到,服装设计可以和绘画一样成为一门具有创造性的艺术。1972年,山本耀司建立起自己的工作室。在70年代中期,他被公认为先锋派的代表人物(见图5-36)。不仅如此,他还和另一个先锋人物川久保玲经常见面,并陷入了一场旷日持久

图 5-36　山本耀司

的柏拉图式恋情中。有意思的是,山本耀司在川久保玲结婚后很久都与川久保玲的丈夫、英国编织服装设计师 Adrian Joffey 保持联系。

山本耀司被誉为世界时装日本浪潮的设计师和新掌门人。他与三宅一生、川久保玲一起,把西方式的建筑风格设计与日本服饰传统结合起来,使服装不仅仅是躯体的覆盖物,而是成为着装者、身体与设计师精神意蕴三者交流的纽带。

山本耀司大胆发展日本传统服饰文化的精华,形成一种反时尚风格。这种与西方主流背道而驰的新着装理念,不但在时装界站稳了脚跟,还反过来影响了西方的设计师。美的概念被扩展开来,质材肌理之美战胜了统治时装界多年的装饰之美。其中,山本耀司把麻织物与粘胶面料运用得出神入化,形成了别具一格的沉稳与褶裥的效果。擅长于新面料的使用也是众多日本设计师共同的特点。山本耀司品牌的服装以黑色居多,沿袭了日本文化的传统风格(见图 5-37)。

图 5-37　山本耀司 2016 春季成衣发布

3. 卡尔文·克莱因(Calvin Klein)

卡尔文·克莱因出生于 1942 年的美国(见图 5-38),作为一名时装设计师,在 1968 年创办了后来成为 Calvin Klein inc(以下简称"CK")的公司。除了服装,他还把自己的名字命名为一系列香水、手表和珠宝。卡尔文·克莱因于 70 年代进军牛仔服装界,并于 80

年代初期拥有自己的一番天地和忠实拥护者,大名牌的设计和亲民的价格让年轻人为之疯狂。CK 的内衣也开始受到欢迎,这完全要归功于大胆的广告宣传,街头随处可见 CK 的模特近乎全裸的广告牌,火辣挑衅的姿势让 CK 成了性感的代名词(见图 5-39 和图 5-40)。

图 5-38 Calvin Klein　　　图 5-39 1980 年 Brooke Shields 拍摄的广告大片　　　图 5-40 Kate Moss 拍摄的广告

　　卡尔文·克莱因以都市简约著称,从 20 世纪 70 年代崛起至今,一贯的现代都市风格深受品位族群的喜爱。干净完美的形象,运用天然材质搭配利落的剪裁,呈现高尚格调,直到今日它也未改变。卡尔文·克莱因的产品的重要风格之一就是性感,在卡尔文·克莱因的概念中性感是多种多样的,所以近来他的广告中不见了昔日的骨感与颓废,取而代之的是一群活力四射、青春健康、有着灿烂笑容的年轻人,那份热情的魅力轻易掳获了消费者的心。

　　卡尔文·克莱因说:他要为活跃于社交和家庭生活,并在其中求取平衡的现代女性设计服装。她们是一群重视心灵,看起来亲切善良,但没有太多时间耗在穿衣镜前的女性。她们想要一种轻松、休闲而优雅的服饰,我相信这就是未来时尚所趋。就外貌来看,卡尔文·克莱因认为女性是清新、自然、美丽的,有一种不真实的魅惑力。

　　4. 拉夫·劳伦(Ralph Lauren)

　　1939 年,拉夫·劳伦出生于俄国移民家庭,他原来的名字叫作"Ralph Lifschitz"(见图 5-41)。年轻的时候,拉夫·劳伦并没有什么时装方面的雄心,他只是对服装有点兴趣。那个时候,其他的男孩子都穿着牛仔裤和摩托衫,唯独他穿得文质彬彬,像个大学生。早期,他接受的时装方面的教育都来自电影和 *Esquire* 杂志。他的偶像是温莎公爵和凯瑟琳·赫本(Katherine Hepburn)。

　　一次偶然的机会,拉夫·劳伦争取到了设计领带的机会。他大刀阔斧地为领带外形做革新,不仅在宽度上加大了两倍,色泽也更为鲜艳多彩,同时也把价格提升了双倍,结果却出乎意料的热销,并带起当时的流行风潮。此宽领带系列,即是拉夫·劳伦首度以 Polo 命名的发端之作。拉夫·劳伦起初是以设计西装而闻名的,后来开创了"Preppy Set"风格,一种以哈佛、耶鲁这样的历史名校的学生的着装风格为灵感,简单大方的 Polo 衫正是这种风格的精髓所在。这种融合休闲与贵族气息的风格获得了各个社会阶层和年龄层的喜爱。

　　拉夫·劳伦的 2011 秋冬女装秀也送上了更为纯正的"中国风",庄重的黑白色调间闪耀着抢眼的"中国红"和碧玉首饰的光彩(见图 5-42)。阔腿裤套装、及膝长大衣,成熟优雅的廓形流露着含蓄的古典美感。紧裹身体的连身裙很有几分中国旗袍的风韵,富有光泽的绸缎、丝绒面料和皮草装饰,让黑色系变化出丰富的层次。中国超模刘雯演绎的斜肩晚礼服,肩部有闪亮的龙纹图案,旗袍样式的黑色礼服背后绣上了一条黑色的中国龙。红珊瑚和玉石珠宝则运用了中国的传统装饰纹样,包袋上也点缀了玉佩作为装饰。

图 5-41 拉夫·劳伦

图 5-42 拉夫·劳伦秋冬女装秀

设计师拉夫·劳伦说:"我一直都很喜欢 20 世纪 30 年代风格的华丽、优雅,它深受中国风格装饰艺术的影响,我认为它直到现在依然很有价值。"

除时装外,拉夫·劳伦品牌还包括香水、童装、家居等产品。拉夫·劳伦勾勒出的是一个美国梦:漫漫草坪、晶莹古董、名马宝驹。拉夫·劳伦的产品无论是服装还是家具,无论是香水还是器皿,都迎合了顾客对上层社会完美生活的向往。或者正如拉夫·劳伦先生本人所说:"我设计的目的就是去实现人们心目中的美梦——可以想象到的最好现实。"

拉夫·劳伦时装设计融合幻想、浪漫、创新和古典的灵感呈现,所有的细节架构在一种不被时间淘汰的价值观上。

5.3.4 时尚代表人物

1. 麦当娜

毫无疑问,20 世纪 80 年代是属于麦当娜(Madonna)的年代。这个时代的女性追求独立和鲜明的个性,以表达一种追求自我的女权意识,而其中最经典的代表人物就是超级巨星麦当娜(见图 5-43)。她凭着单曲 *Like a Virgin* 一炮而红并成为时尚偶像。长款多层珍珠项链、头带、超短紧身莱卡裤、皮革迷你裙、短夹克、蕾丝手套和耶稣十字架项链都是麦当娜的标志。90 年代,让·保罗·高缇耶专门为麦当娜演唱会设计的锥形胸衣成为经典(见图 5-44),她性感火辣的造型使她成为经久不衰的时尚偶像。她模仿过梦露,为《花花公子》杂志拍过裸照,穿过针尖乳罩开演唱会,演过性虐惊悚片,扮过十字架上的耶稣,在颁奖礼上爆过粗口,甚至和同性后辈舌吻,性、暴力、宗教,任何触目惊心惹人争议的题材她都敢涉足,媒体和大众的口水从来奈何她不得。她也曾被誉为"在世的最伟大的女艺术家",她为女儿写过畅销童书,演过贝隆夫人,为 H&M 设计过平价礼服,虽然因找了个 22 岁小男友而被人说闲话,依然不畏人言,活得自得其乐。

2006 年世界巡演上,麦当娜穿着闪亮夹克和诱惑三角裤亮相,这个经典造型也成为 Lady Gaga 和雷哈娜(Rihanna)等好莱坞歌星的大爱(见图 5-45)。

图 5-43　80 年代的麦当娜　　　图 5-44　经典的锥形胸衣　　　图 5-45　2006 年演唱会造型

2. 戴安娜王妃

戴安娜王妃(Diana Princess of Wales)掀起了 80 年代的"皇家热",她对时尚的好品位让其成为国际性的时尚偶像。她标志性的大蓬松金发,垫肩和华丽的服装都体现着 80 年代的潮流。更别说她那件经典到不能再经典的 25 米长的婚纱,成为那个时代礼服设计的教科书(见图 5-46)。

图 5-46　戴安娜婚礼造型

婚后的戴安娜开始注重起自己的穿衣打扮,她不再穿着有过多荷叶边和带少女情怀的蝴蝶结的衣服,而是变得更加高贵优雅。她在母亲和国际人物这两个不同身份之间转换自如,既能穿简单的羊绒衫搭配剪裁精良的衬衣,也能身着线条干净的礼服光芒四射。全世界的设计师都想与她合作,而戴安娜也愉快地接受了。她的经典装扮包括炫目的修身长礼服,强调她优美长颈和肩线的 A 字形长裙等,这些华服都是出自知名时装屋,如范思哲、爱马仕和香奈尔。这当中还包括凯瑟琳·沃克,她在戴安娜婚后三个月后就开始和她合作。成千上万的人都想模仿戴安娜的这种风格,她的穿着深刻地影响了那个年代的流行趋势(见图 5-47)。

5.3.5　20 世纪 80 年代的色彩流行

20 世纪 80 年代经典色彩有黑色、灰色、红色、蓝色。

1. 女权运动与女性服装

女权运动在 80 年代得到充足的发展,女性对服装的选择也越来越自由。随着女性社

图 5-47　戴安娜王妃

会地位的攀升以及成功女性典范的涌现，这些都促使了对增加女装稳重和威严感元素的考虑。套装成为女性在正式场合的服饰，为了营造强势的形象，宽厚的垫肩成为流行（见图 5-48），纯色、条纹、格子、印花等多种图案运用在套装中，在增加强势感的同时，丰富的色彩又表现出女性的特征。在休闲服装方面，色彩丰富的尼龙材质的裙装开始流行；年轻人中流行醒目大胆的印染 T 恤、宽松的毛衣搭配紧身皮裤、水洗牛仔裤、灯芯绒长裤等流行款式。麦当娜开创了"内衣外穿"的风潮，一股性感火辣的时尚之风风靡在年轻姑娘中。

图 5-48　20 世纪 80 年代的女装套装

　　詹妮·范思哲是 20 世纪 80 年代崭露锋芒的意大利设计师之一，他大胆的使用皮革、金属等材料，并在 1982 年秋冬时装展上大放异彩。范思哲的服装具有浓郁的意大利风情，黑灰的无色彩套装搭配金色闪光配饰，黄色、紫色、蓝色、红色等热辣夺目的色彩配上大胆开放的设计，即便是枯燥的套装也能勾勒出美丽的女性曲线，完全符合当时女性对美的追求（见图 5-49）。

　　2. 新浪漫主义朋克风

　　在 20 世纪 80 年代，伦敦的夜店是一片新浪漫主义面貌。这种新潮流是朋克风的新分支，新浪漫主义舍弃了更多朋克原有的叛逆精神，增加了一分时尚元素。新浪漫主义朋克风开始采用新的点子来吸引大众关注的目光，他们是浮夸艳丽的，服装沿袭了过去褶边和艳丽布料的传统。代表人物薇薇恩·韦斯特伍德的"海盗"系列和"迷你克里尼"系列就是新朋克主义的完美呈现，灵感来自贵公子和海盗的造型（见图 5-50）。黑色仍然是主色

图 5-49　20 世纪 80 年代范思哲的服装

图 5-50　20 世纪 80 年代薇薇恩·韦斯特伍德"海盗"系列和"迷你克里尼"系列服装

系,但也加入了许多华丽的色彩,也采用了更加新奇的材质,包括皮革、渔网和蕾丝(见图 5-51)。女朋克们大爱紧身胸衣,马丁靴仍被保留作为标志性单品。留长的头发全部梳到后面,惨白的肌肤和浓重的妆容是新朋克的代表特色。乐队玫瑰手枪(Guns N' Roses)是新朋克主义的灵魂人物,他们经典的造型要属那些布满别针、补丁、纽扣和零碎布料的牛仔夹克。

3. 运动风

随着人们对健康生活的追求和健身教学视频的出现,人们开始关注运动服的时尚潮流。"健身之母"简方达(Jane Fonda)的视频是运动服时尚的教科书,她带动了紧身连衣裤、打底裤、腿套袜和弹性头带的流行,也触发了亮色、条纹和圆点花纹的回潮(见图 5-52)。而电影 Fame 和 Flashdance 的热映,开创了大尺码运动衫露半边肩膀的新穿

图 5-51　20 世纪 80 年代朋克乐队的服装风格

图 5-52　20 世纪 80 年代运动风服装

法,下半身则要搭配宽松运动裤。健身的流行和运动风把服装色彩带到充满鲜艳、活力的时代,明亮的颜色刺激着年轻人的新鲜血液,彰显着他们的个性,同时也促进了运动休闲服饰的发展,特别是在青少年群体中拥有大批受众。

5.4　20 世纪 90 年代

5.4.1　时代背景

继 80 年代的奢侈风格后,20 世纪 90 年代的时代特征是极简主义和随意性盛行。计算机、手机和互联网的发展使全球文化和现代文化的发展发生了革命性的变化。

世界各地发生了巨大的经济变化,全球制造业和贸易扩大。

随着计算机文化的兴起,包括互联网和电子邮件的普及,人们的工作、购物和娱乐方式发生了改变。传统的朝九晚五的办公室工作可以在家进行,有着灵活的时间表。周五变装日被引入,专业人士不用穿那么正式的商务着装。易趣网(eBay),一个在线拍卖网站于 1995 年成立,其改变了零售业务的发展方式。邮件订购目录和互联网购物的增长,使购物变得更加多样化和高效率。视频游戏、DVD 和家庭娱乐系统,如任天堂和 Play-

Station 风行一时。

越来越多的电影明星、音乐偶像和超模们频繁地出现在公众视野且创造了一个新的名人模式。超级模特和名人登上以时尚偶像为主的杂志封面,电视真人秀和情景喜剧开始流行,包括 MTV 的播放和销售。

巨大的购物中心出现,如美国明尼苏达州的明尼阿波利斯购物中心,占地 78 英亩[①]。许多商场提供打折的商品,设计师创造出较低价格的商品以增加他们的销售数量,零售商开始生产自有品牌的商品。

20 世纪 90 年代的流行倾向,为"回归自然,返璞归真",人们从大自然的色彩和素材出发,原棉、原麻等粗糙植物广受欢迎,未受污染的地域性文化如北非、印加土著等民族图案和植物纹样印花织物等都是 90 年代所青睐的元素。

70 年代和 80 年代的朋克风格演变成哥特风。这种另类的时尚,也被称为工业朋克,特点是黑色皮衣、紧身胸衣和金属的点缀、网袜配有着防水台的皮靴这样的穿着。文身、染五颜六色的头发都是当时年轻人的潮流。

接近 20 世纪尾声时,年轻人中开始流行学院风格。学院风格指的是传统的外观,包括运动风格的针织衫、经典的西装、衬衫和羊毛衫,灵感来自职业装和校服,学院风与凌乱的风格形成鲜明对比。

在欧洲,一些时装屋引进了来自英国和美国的人才,以振兴服装生意,包括迪奥的约翰·加里阿诺(John Galliano)、纪梵希的亚历山大·麦昆(Alexander McQueen,1969—2010),古琦的汤姆·福特(Tom Ford)。

多元化和个人主义改变了社会看待和回应时尚的方式。政治、经济和科技的变化使得时尚业进入了一个比以往任何时候都更大的市场。这个行业需要适应更大的全球社区的需求。时尚不再是自下而上,特定趋势占主导地位的情况开始消失。

5.4.2　代表设计师及其社交圈

1. 亚历山大·麦昆

亚历山大·麦昆,英国著名的服装设计师,被认为是英国的时尚教父(见图 5-53)。

1991 年,进入圣马丁艺术学院学习;1992 年,自创品牌。1993 年起相继在英国、日本、意大利等国的服装公司工作。著名时尚编辑伊莎贝拉·布罗(Isabella Blow)引导麦昆进入了时装界,买下了他在圣马丁艺术学院毕业作品展上的所有东西。伊莎贝拉·布罗(见图 5-54)对他的才华推崇备至:"亚历山大·麦昆吸引我的地方,是他懂得从过去吸取灵感,然后大胆地加以破坏和否定,从而创造出一个全新意念,一个具有时代气息的意念。他像一个偷窥的小孩,在残破的布料中,寻找最性感的地带。"1996 年,亚历山大·麦昆为法国著名的"纪梵希"设计工作室设计成衣系列。1998 年,为影片《泰坦尼克号》的女主角凯特·温丝莱特(Kate Winslet)设计了出席奥斯卡颁奖晚会的晚装。

---

① 英美制面积单位,1 英亩约等于 0.004 平方千米。

图 5-53　亚历山大·麦昆　　　　　　图 5-54　亚历山大·麦昆和伊莎贝拉·布罗

亚历山大·麦昆和超模凯特·摩丝(Kate Moss)、娜奥米·坎贝尔是好友(见图 5-55)。2008 年,亚历山大·麦昆和伊丽莎白·班克斯(Elizabeth Banks)、奥利维亚·维尔德(Olivia Wilde)共同出席洛杉矶旗舰店的开幕式(见图 5-56)。

图 5-55　亚历山大·麦昆与凯特·莫斯、　　　图 5-56　亚历山大·麦昆与伊丽莎白·班克斯、
娜奥米·坎贝尔　　　　　　　　　　　奥利维亚·维尔德

不得不说的是,亚历山大·麦昆的秀总能让你大开眼界。1998 秋冬秀场,亚历山大·麦昆让残奥会短跑运动员艾米·穆林斯(Aimee Mullins)出场走秀,艾米·穆林斯是失去双小腿的重度残疾运动员,当她出场时,那双雕刻上精细繁复花纹的木雕假腿引起了评论界极大的争议(见图 5-57)。1999 年秋冬压轴一幕为名模沙洛姆·哈罗(Shalom Harlow)身着素白伞裙上场,当她开始优雅旋转时,两边架起的喷涂机往她身上不断喷着五彩颜料……几分钟后,独一无二的亚历山大·麦昆喷墨彩裙在观众的面面相觑中诞生,稍后台下响起热烈掌声(见图 5-58)。

1996 年,亚历山大·麦昆推出了超低腰牛仔裤"bumster pant"震惊了当时还相对保守的英国时尚圈。它比当时任何世俗可接受的程度更加低,"股沟"清晰可见,大胆的性感,让许多人为之疯狂(见图 5-59)。

麦昆为 2010 年春夏打造的摩天高跟鞋,以 25 厘米创造了鞋跟的新高度。这些"恨天高"由各种钢铁配件、皮料等不同材料制成,其中最为吸引眼球的是外形酷似龙虾爪或驴蹄的鞋款(见图 5-60)。高跟鞋的酷爱者誉之为旷世杰作,但也因为超出正常范围的高度而遭到一些名模的抵制。但却受到了流行天后 Lady Gaga 的青睐,时至今日,我们还能看见 Lady Gaga 时不时穿着驴蹄鞋出现在大众面前。

图 5-57　艾米·穆林斯　　　图 5-58　沙洛姆·哈罗身着白裙演绎麦昆 1999 年秋冬秀场

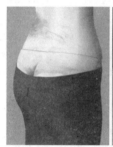   

图 5-59　低腰裤　　　　　　　　　　图 5-60　驴蹄鞋

　在配饰方面,麦昆擅长配合设计一些非常独特的头饰,如动物的头角、面具等(见图 5-61);在服装表演的舞台设计方面,麦昆更是别出心裁,把表演场地选在喷水池中,抑或是将舞台设计成下着鹅毛大雪的雪地等,这些都是他的独创。麦昆说:"在我的时装发布会中,你能获得你参加摇滚音乐会时所获得的一切——动力、刺激、喧闹和激情。"

图 5-61　独特的头饰

2. 渡边淳弥

渡边淳弥(Junya Watanabe)出生于日本,毕业于东京文化服装学院,毕业后便进入川久保玲的 Comme des Garcons 做制版工作。渐渐地,他在工作中崭露头角,受到赏识并被晋升为男装总设计师。1992 年,他决定单飞并成立同名品牌,一年后在巴黎发布了处女秀,好评如潮(见图 5-62)。

图 5-62   渡边淳弥和川久保玲

川久保铃除了亲自扶持渡边淳弥建立品牌之外,还一直从各个方面帮助他。渡边淳弥与川久保玲都擅长于明暗色彩的混合使用,上下颠倒巧妙安插的荷包,释放肩膀,加长袖子。但细看又会察觉出不同,渡边淳弥的早期作品在纹理、色彩和层次的处理上都十分夸张,手法与技艺贴近生活。

2010 年,渡边淳弥将迪奥的"新风貌"(New Look)精神融入其中,白色的衬衫搭配弹力紧身裤,再加入一些垂坠或是褶皱,带出一些女性化的特征,并对细节做了精致的处理(见图 5-63)。

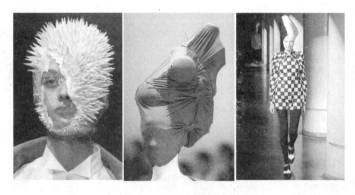

图 5-63   渡边淳弥 2010 春夏作品

3. 马丁·马吉拉

马丁·马吉拉(Martin Margiela)的设计生涯要从担任让·保罗·高缇那的助手开始。随后于 1998 年,他决定成立自己的同名品牌,大玩"时间概念"。这位比利时设计师是一位"时间大盗",他设计的服装的最大特色在于一个"旧"字,他以解构和重组衣服的技术而闻名,将长袍解构并改造成短夹克,旧袜子重组为一件毛衣,极具环保概念的新构思为设计开创了一片新的领域。他的创意也不仅限在衣服,他那花样百出的走秀也颠覆了时装工业的常态——如把地点放在墓场与消防站。而马丁·马吉拉的事业巅峰要属担任爱马仕成衣系列的总设计师,他为这个历史悠久的品牌注入了更多新元素,唤醒了这头"沉睡的狮子"。

马丁·马吉拉在许多方面展现出了特立独行的一面:大秀结束不登台谢幕;不接受媒体拍照;所有的交流都是以传真的形式,不接受面对面采访。这是马丁·马吉拉唯一的一张公开照片。照片上的男人面庞棱角分明,斜着眼睛看着镜头,显得紧张局促(见图5-64)。

图 5-64　马丁·马吉拉

马丁·马吉拉每一季的设计概念非常清晰,所有系列整整齐齐地排开,好似一篇篇的"命题作文":1990年春夏是"金属、纸张和塑料袋"(见图5-65);1991年春夏是"牛仔裤变形记"(见图5-66);1992年春夏是"丝巾的华丽转身";1997年是"时装背后的一地鸡毛"(见图5-67);1998年是"平面服装";1999年春夏则是"十年回顾,再玩一遍"……马丁·马吉拉说:"使用现成品再设计,其实困难重重,我们将之视为一项设计上的挑战,而并非出于环保的原因。其结果,便是这些元素获得了第二次生命。"对马丁·马吉拉来说,审美还是重要的,原初素材的功能被化为无用的装饰。他的创造更像是"为艺术而艺术"。

图 5-65　马丁·马吉拉
1990 春夏

图 5-66　马丁·马吉拉
1991 春夏秋冬

图 5-67　马丁·马吉拉
1997 秋冬

他的创意也远未止于衣服,他那花样百出的秀与静态展示,也颠覆了传统时装工业的常态。他把秀安排在汇集了非洲人和阿拉伯人的、巴黎最穷的地区之一;或是在废弃的地铁通道里;也有可能在荒弃的停车场;也曾在马戏帐篷里作过表演;甚至将他精心制作的录像,安排在巴黎的十间咖啡馆里同时播放。而模特也并非专业模特,没有装模作样的猫步,反倒像极了一个当代戏剧场景,"模特"只是混杂在人群里,恰好穿了马丁·马吉拉的衣服而已。时装在马丁·马吉拉那里,并不携带明日的梦想,只沦于日常。甚至连模特也可以不要,仅仅就是一些与真人等高的木偶。他又将时装带往"终极身体"的另一个极端。

5.4.3　时尚代表人物

20 世纪 90 年代戴安娜与查尔斯王子离婚引起了轰动,虽然失去了皇室的光环,戴安娜的时尚魅力却是有增无减。脱离皇室的"牢笼",她时尚的选择范围更宽品牌更广,短裙和高跟鞋走进了戴安娜的衣橱。琳达·伊万格丽斯塔(Linda Evangelista)、辛迪·克劳馥(Cindy Crawford)、娜奥米·坎贝尔和克里斯蒂·特林顿(Christy Turlington)四大超模的地位仍然牢固,不断地刷新着走秀价位。而演员格温妮丝·帕特洛(Gwyneth Pal-trow)、茱莉亚·托伯茨(Julia Toberts)和詹妮弗·安妮斯顿(Jennifer Aniston)则是"时尚休闲派"的领军人物。新生力量凯特·摩丝(Kate Moss)开创了"海洛因模特"潮流,干瘪的身材掀起了"骨感美"的潮流。

1. 凯特·摩丝

凯特·摩丝具备出众的镜头感和个性:毫不做作地把时装和自己融为一体,不经意中创造出一种新感觉。曾经在 20 世纪 90 年代中期掀起简约主义与病态美学的凯特·摩丝(见图 5-68)出生于 1974 年,14 岁随家人度假的返英途中,被英国风暴(Storm)模特经纪公司发掘。第一次做模特,便被英国杂志 *The Face* 大幅报道。凯特·摩丝是设计大师卡尔文·克莱因的宠儿,虽然个儿不高,也没有傲人的丰满身材,甚至有点瘦骨嶙峋,但时装大师都非常喜欢用她做时装表演模特。摄影师尼克·耐特认为:"凯特·摩丝有着美丽的外表,更有坚强的内心以及过人的聪慧。这些优点在她身上完美地融合在一起,所以她能吸引无数人为她痴迷,能保证自己一直屹立在时尚舞台的最前沿。"

一种气氛和时尚。除了在专业领域独树一帜外,凯特·摩丝在社交生活场合也很会打扮,这在时尚界也是出了名的。她的穿衣风格,不仅在高手如林的模特女孩圈里显得出类拔萃,成为众人的模仿对象,也给无数造型师、设计师带来灵感和启发。凯特·摩丝的品位具有个性和创造力,总是出人意料,千奇百变,有时甚至是反传统的,带着离经叛道的顽皮。模仿别人从来不是凯特·摩丝的习惯,相反她永远是潮流的引领者。无论出席正

图 5-68　凯特·摩丝

式场合或是在街头闲逛,凯特·摩丝的着装总是在向人们传达这样一个信息:独一无二是我的追求,不屑于模仿和抄袭。凯特·摩丝展现给我们的是她对时尚、服饰的一种智慧和特立独行的精神。

2. 詹珍妮弗·安妮斯顿

詹妮弗·安妮斯顿,1969 年生于美国加利福尼亚州谢尔曼·奥克斯(Sherman Oaks)的一个演艺世家,她是有着天使般脸庞和魔鬼身材的"美国甜心"。安妮斯顿不断变化的发型是北美女性争先效仿的对象(见图 5-69),美国电视剧《老友记》的热播,使得安妮斯顿扮演的瑞秋成为时尚偶像,她的穿衣风格和打扮被称作"瑞秋风"。

图 5-69 詹妮弗·安妮斯顿

5.4.4 20 世纪 90 年代的色彩流行

凯文·克莱恩(Calvin Klein)是这样形容 20 世纪 90 年代的服装的:"这是一个充满改革和创新的时代。80 年代被看作是一个太过保守和过分注重性感的时期。现在时尚不再追逐镁光灯的虚华,将关注回归人性本身,与崇尚名牌奢华消费的 80 年代相比可谓 180°大转回,开始追求节约与回归自然。而这些天翻地覆的改变仅仅只是这场改革的开始。"

消费者对时尚的需求也发生了改变,时尚不单单指所穿的衣服,而是一种全方位的生活方式,品牌的香水、化妆品和服饰都是时尚生活的必需品。高街品牌 GAP、ZARA、H&M 等发展迅猛,以低廉的价格快速地复制与生产时尚单品,这些品牌受到大众的喜爱并迅速扩张。90 年代经典的色彩有浅蓝色、白色、黑色、红色及黄色。

1. 休闲风回归

1990 年,时尚杂志 *Vogue* 的第一刊以当时的超级模特娜奥米·坎贝尔、琳达·伊万格丽斯塔、塔嘉娜·帕迪斯(Tatjana Patitz),克里斯蒂·特林顿(Christy Turlington)和辛迪·克劳馥(Cindy Crawford)的群拍照为封面,没有浓妆艳抹,清新的脸庞配上休闲的漂淡牛仔裤,正式向 80 年代的垫肩和大蓬头挥手道别,长裙的回归给时尚界带了更多典雅大方的美丽。在 90 年代初期羊毛呢夹克开始成为正式场合的服饰之一,女装的肩膀线条变得更加柔和,剪裁更加宽松。人们追求以舒适为主的时尚,宽松的上衣搭配高腰阔腿裤、优雅大方的短裙套装、简洁的一片式连衣裙受到女性的欢迎。到了 90 年代的后期,正式严肃的西装也开始了休闲化风格,同色系的上下装搭配、宽松的肩部和腰身设计让休闲西装始终保持着简单时尚的风格。印花 T 恤、白色球鞋、水洗漂白的丹宁裤在 90 年代也是不可或缺的潮流单品。此时的人们穿上运动装不是为了运动,而是潮流(见图5-70)。

图 5-70　90 年代的女装休闲风格

2. 另类前卫的高级时装

90 年代,以亚历山大·麦昆、约翰·加利亚诺为主的新生代设计师们为一直以优雅著称的高级时尚注入新鲜的血液。1996 年,超级模特凯特·摩丝穿着亚历山大·麦昆设计的一条低至股沟的低腰裤出现在秀场上,有人视其为另类、前卫,有人视其为低俗、下流。但是,改良后的低腰裤无疑成了日后的流行,麦昆以其另类、夸张的手法塑造出一个又一个经典的时尚瞬间。1999 年纪梵希的秀场上,设计总监麦昆让模特穿着一身洁白的裙子,站在舞台中央,任由机器向旋转中的模特喷洒出柠檬黄和黑色的颜料,这即兴、随意的瞬间成为 90 年代人们无法忘却的时尚之举(见图5-71)。麦昆的秀场透露着神秘魔幻的气息,服装以银白色、金色、黑色系居多,翠绿色、深紫色、湖蓝色等神秘色彩也是常用色。

图 5-71　20 世纪 90 年代亚历山大·麦昆的经典设计

3. 垃圾摇滚与朋克

1993 年,在流行音乐的基础上产生一种次文化——垃圾摇滚(Grunge)。这种文化一开始起源于音乐,灵魂乐队包括涅槃乐队(Nirvana)和珍珠果酱乐队(Pearl Ham),法兰绒、漂淡衬衫、印有乐队图案的 T 恤、帽子、牛仔裤和匡威布鞋都是他们的时尚单品,头发则是长而随意,有一种随性颓废美。随着垃圾摇滚的流行,朋克风也开始在纽约、米兰和巴黎复兴起来,继续承袭黑色的主色系,混合街头风格,挑染的头发、涂鸦的滑板、露脐装、帆布鞋、马丁靴,这些颓废不羁的风格称为流行(见图5-72)。

4. 街头嘻哈

嘻哈音乐起源于美国 70 年代的黑人音乐,早期多混入迪斯科、摇滚等音乐,以有节奏

图 5-72　20世纪90年代垃圾摇滚风格服装

的饶舌说唱为主，80年代末90年代初嘻哈音乐发展成一种流行、成熟的商业音乐，以其独特的街头魅力在青年群体中广泛流行。现在的嘻哈文化早已成为音乐文化中的一部分，说唱音乐人不分肤色、不分国籍，但在90年代这些说唱者仍以黑人为主，代表着美国黑人文化的崛起，形成明显的着装风格。他们扛着大音响，穿肥大的运动衣、大跨裤，戴着大金链和夸张的首饰，棒球帽配着篮球鞋在街头巷尾比试舞蹈和说唱音乐，以运动风为主的着装风格色彩鲜艳有活力，以高明度的黄色、红色、绿色、蓝色、白色为主。如图5-73所示。

图 5-73　20世纪90年代嘻哈摇滚服装风格

5.5　本章小结

　　本章探究上传理论引导的服装流行传播历程，主要囊括了20世纪60至90年代的流行表现。还分别归纳了其时代背景、流行的典型风格、代表性设计师及设计圈与色彩流行。

6

The spread of fashion under the guidance of

horizontal-flow theory

水平理论引导的
服装流行传播

本 章 概 要

时代特征与时代背景 / 水平传播理论与流行的传播方式、特点

时尚驱动群体 / 当代主流艺术形态

6.1 时代特征与时代背景

6.1.1 互联网时代

互联网时代以计算机为核心,随着计算机的出现和逐步普及,信息对整个社会的影响逐步提高到至关重要的地位。信息量、信息传播的速度、信息处理的速度以及应用信息的程度等都以几何级数的方式在增长。信息技术的发展对人们学习知识、掌握知识、运用知识提出了新的挑战。数字处理时代到微机时代,再到网络化时代,信息传播速度越来越快,人类社会从工业时代进入了信息时代。这些新技术正在从根本上改变我们的社会、经济和生活。

回顾人类传播史,我们不难发现,信息技术的发展起着历史性杠杆作用。信息技术的每次创新,都带来了信息传播的大革命,每一次革命都给人类的政治、经济、文化和社会生活带来不可估量的影响,推动着人类的文明不断向更高层次迈进。信息技术强而有力地改变着人类生产与生活的面貌。信息技术集中反映的标志就是信息传播方式的变革。人类的信息传播迄今可分为5个阶段:口头传播阶段、文字传播阶段、印刷传播阶段、电子传播阶段、网络传播阶段,前一阶段向后一阶段的跃升无不以信息技术的革命性进步为前提。

随着互联网的迅猛发展,网络传播也得到了飞速发展。网络传播作为一种全新的现代化传播方式,有着与传播媒体截然不同的新特征。网络传播给我们的时代提供了最快捷、便利的传播方式,使人们如虎添翼。网络传播在中国的出现和对中国文明的意义,不亚于中国人发明纸张的意义。

网络传播对于社会的影响是全面的,不仅影响着政治和经济方面,而且影响着我们的生活方式和思维方式。网络传播正在以不可抵挡的势头,迅速渗透到世界各国的政治、经济、思想及文化等诸多领域,改变着人们的生活,改变着世界的面貌。

1. 信息多元化

多元化的巨量信息形成了今天的大数据时代,无论国内还是国外,无论是经济还是生活,整个世界的人们每时每刻都在接受和处理各种各样的信息。当然,时尚资讯也是其中的一部分。具体来说,信息多元化是指信息的来源渠道多元化、信息的数据海量化、信息的价值判断多样化。移动互联网以其功能的多样性、内容的广泛性、速度的快捷性、环境的开放性给人类社会带来了巨大的冲击和影响,尤其是移动互联网的快速发展,让信息变得更加透明化、多元化,使得人们的生活方式和社会行为方式都在发生巨大的变化。当今,无论个人、企业,还是团体、社会组织,既是多元化信息的创造者、发布者,又是多元化信息的接受者、处理者,整个社会已成为一个巨大的信息库、一个宏伟的信息加工厂。所以说,信息多元化已成为这个时代的重要组成要素和基本的文化特征。

2. 网络移动化

在移动互联网时代,人们不用再像 PC 时代那样,通过端坐在电脑前上网来实现与外界的沟通,今天,每个人都可以用手机连接世界各地的一切,包括接收各种流行资讯。在公交上刷微信、看资讯,在高铁上阅读邮件、玩手机游戏、浏览视频,甚至在等电梯的时候都可以浏览微博。移动互联网使人们碎片化的时间得到无比充分地利用。因此,在移动互联网时代,正是互联网借助移动方式实现了向社会经济生活的全方位渗透,并对人们产生着巨大的影响。

3. 个性差异化

移动互联网日益提升个性化和差异化。一方面,移动互联网突出个性化,不仅手机本身具有个性化特征,而且移动应用利用大数据技术也实现了个性化,这种个性化还体现在能够通过融合技术实现多屏融合,一个手机使用者在其手机上的应用,同时还可以继续在平板电脑甚至在电视上继续使用,其体验完全是一致的。在当今社会,低成本竞争越来越难获得竞争的优势,移动互联网让企业的所有竞争体现为需求差异化的竞争。

4. 虚拟现实交融化

移动互联网个人终端的便捷性,极大地推动了传统互联网向人们生活的全方位渗透,加速了现实和虚拟社会的进一步交融。由于手持终端代表的移动互联网对于社会经济生活的强力介入,它影响人们生活的程度日益加深。从日常生活中随时可以看到,现实社会中的元素在虚拟网络中一般都可以找到踪影。移动互联网的便捷高效,尤其它的无缝链接,使得现实和虚拟的高度交融日益凸显,正因为这一点,也让移动互联网成为发掘人们现实社会中多样化需求,并成为在虚拟网络社会中映射的平台。因此,移动互联网带给人们在现实世界里难以满足或发现的潜在需求。在互联网的虚拟世界里能得以映射,这是对人们需求的又一次升级,也是现实社会和虚拟社会的进一步交融。

5. 个人群体互动化

只要在移动互联网背景下,不管是农村还是城市,人们都可以随时获得最新的资讯和所需信息,也可以定制所需的商品和服务。越来越多的普通大众会发现,有众多的平台可以在满足自身生活需要的同时,还可以推销自己,表达自己,展现自己的天赋。这也是为什么在互联网时代下有越来越多的平民偶像和网红出现。移动互联网的发展使现代人拥有展现自我个性的阵地。与此同时,在移动互联网世界里的广义社群的互动交流已成为时尚,人们以各种各样的方式建立与他人的联系,融入不同形态的社群之中。从形式多样的网络圈子可以看到,寻求与他人的交流、写作与互助,表达自己的关切、责任与义务,追寻社会的公平与正义,日益成为日常生活的重要内容。移动互联网是全民盛宴,离开它将难以融入现代生活,这就充分说明个人群体互动化是移动互联网时代一个重要的文化特征。

之所以称移动互联网为一个时代，是因为它在创造了现代移动技术和巨量信息的同时，改变了人类社会的各种关系和结构，改变了人们的社会行为方式和生活方式，引起了整个社会经济生活的巨大变革。它已经成为一种文化，并在大力度地构造新的文化传统。面对移动互联网时代的巨大冲击，深入探究这个新时代的文化特征，对于社会时尚流行传播的发展具有极其重要的意义。

6.1.2 知识经济时代

在人类经济的发展历史长河中，人类经济的发展经历了劳力经济阶段、资本经济阶段，现在进入了知识经济阶段。劳力经济的经济发展主要取决于劳力资源的占有与配置，资本经济的经济发展主要取决于资本的占有与配置，而在知识经济阶段，经济的发展主要取决于知识的占有与配置。知识是最重要的生产要素，它具有多重性，既是最重要的生产资源，也是最重要的生产力。知识经济的兴起是人类经济领域的又一次重要革命，呈现出其独有的特征。

在知识经济社会，科技在组织世界性经济中将发挥更大的作用：以微电子技术为基础的通信系统，智能机的广泛使用使世界各地经济联系极其方便，通过声音、文字、数字、形象和光的速度，在任何时候、任何地方都可以进行对话，极大地方便了跨国公司生产资源的配置，展现了发挥规模经济、专业化、多样化的优势，形成了世界经济向多元化发展的趋势，世界成了一个可以不断拓展的大市场。

知识经济推动了社会生活的现代化，改变了人们的生产方式、生活方式、学习方式和交往方式。从消费领域来看，知识经济刺激了新的消费需求，带动了消费结构的升级，使文化消费的地位不断上升。知识经济赋予文化消费新的内涵，使文化消费呈现出主流化、高科技化、大众化、全球化的特征。

（1）文化消费主流化。知识经济的基本特征决定了文化消费将成为社会消费的主流。首先，从文化消费的比重来看，随着消费方式由生存型向发展、享受型转变，消费结构也产生了重大变化。目前，发达国家的恩格尔系数（即食品支出所占的比重）已下降到20%以下，而文化消费（包括旅游）已上升到家庭消费的30%左右。发展中国家的恩格尔系数也在不断降低。可以预测，随着人们的社会生活质量不断提高，文化消费比重还会进一步上升。其次，从文化消费在经济增长中的地位和贡献来看，文化消费不仅仅是一种文化现象，更是一种经济关系。在知识经济时代，经济文化一体化成为社会发展的大趋势，而文化消费则成为经济文化一体化的重要结合点。

（2）文化消费高科技化。知识经济把物质生产和知识生产结合起来，充分利用知识和信息资源，大幅度提高了产品的知识含量和高文化附加值。人们的文化消费从内容到形式都更紧密地与高科技联系在一起。文化与高科技尤其是数字技术紧密结合，影响和改变着传统文化的面貌，使得大众传媒成为人类文明的重要组成部分。数字化趋势结合文化产品的存在形态和发展带来了革命性的变化，如数字图书馆、数字电视、网络电影院、电脑合成音像、远程教育、电子商务等。同时，数字化趋势也改变着人们的文化消费方式和习惯，比如通过计算机网络可以随时随地玩在线游戏、听在线音乐、看网络电视、接受远程教育、进行电子购物等。数字化使人们的文化消费超越时空限制,这是前所未有的。

(3)文化消费大众化。精神文化消费,是人类消费极重要的内容之一,是消费的最高层次,正如马斯洛所说,人的"最高阶段的欲求就是自我实现"。马克思也说,健康的精神文化消费,能"放射出崇高的精神之光"。在工业经济时代,社会的物质消费水平普遍提高,精神文化需求逐渐由模糊到显现,社会消费开始向精神文化消费转型。只有进入了知识经济时代,文化消费的大众化才有可能实现。一方面,知识经济为实现大众化的文化消费创造了条件,另一方面,文化消费又是提升劳动者素质的必要途径。在知识经济社会,随着生产效率大幅度提高和社会成员的收入水平上升到一个新的台阶,以及闲暇时间相对增多,人们开始将大量的收入、时间和精力投入追求自我实现和美的享受之中。

(4)文化消费全球化。文化消费的全球化是指跨国界、跨民族、跨地域消费的特征。在知识经济条件下,信息技术和交通运输的发展,特别是信息高速公路的发展,使得文化产品在世界范围内的生产、交换和传播越来越方便,人们可以更方便地享受世界上各个国家的科学技术和优秀文化成果。而伴随网络技术发展起来的网上娱乐消费、网上信息消费、网上教育消费等更具有超国界、超地域的特征,可以同时为不同国家、民族和地域的人们所共享。随着文化产品的全球性流动与共享,对共同的文化产品的消费会潜移默化地影响人们的价值观念、消费心理,进而使消费方式、消费偏好互相吸引与融合,日本的茶道、西方的摇滚、高尔夫、迪士尼便是文化消费全球化的典型案例。

6.1.3　体验经济时代

"体验经济"作为学术概念,是美国学者约瑟夫·派恩(B. Joseph Pine)与詹姆斯·吉尔摩(James H. Gilmore)于 1998 年首先提出的。他们认为:体验经济是继农业经济、工业经济、服务经济之后的又一新的经济发展形态。早在 20 世纪 70 年代,美国学者阿尔文·托夫勒(Alvin Toffler)就提出过"体验工业""体验制造者"与"体验生产"等概念。事实上,无论是早期的娱乐业、休闲业,还是现代的农业、工业、服务业都蕴含着体验经济的因子。

在体验经济中,生产单元不再仅仅提供产品和服务本身,而是发挥创意,将产品和服务包装为一种体验消费品。企业成为"舞台的提供者",产品和服务成为"道具",介入实践成为"值得回忆的表演"。劳动已不再是高度分工后的简单支出,而是成为一种自我表现和创造价值的过程。在生产要素中,土地和资本的地位逐渐将由知识取代。如网页制作,劳动者必须发挥极大的创造力使其网页的特色凸显出来,这就需要各方面的知识来丰富网页内容,并让消费者有更多的选择空间。在此过程中,不仅消费者体验,劳动者(创造者)同样在工作中体验。在这里,体验价值的形成需要消费者参与其中才能全面实现的。所以,从某种意义上讲,在体验经济的模式中生产者和消费者是难以分离的。

20 世纪末,如果没有网络技术与生物技术的巨大进步与广泛应用,人们就不会感觉"大规模定制"的体验经济越来越近,更不会有人提出体验经济时代即将来临的观点。近十年来,无论是发达国家,还是发展中国家,信息技术,特别是网络技术已经发展到全球几乎无处不在的地步。没有被互联网和手机网络覆盖的少数国家,如朝鲜,也不是因为技术或是地理原因,而是受政治等其他因素的限制。当代的经济发展与人们的日常经济活动,都已经与信息技术密切相关,并日新月异地对原有经济产生着影响。

6.1.4 网红经济

网红,网络红人的简称。网红经济是以时尚达人为形象代表,以网红的品位和眼光为主导,进行宣传和视觉推广,在新媒体上聚集人气,依托庞大的粉丝群进行定向营销,从而将粉丝转化为购买力。新媒体的普及、移动互联网技术的发展和各类直播平台的快速崛起,使得个人品牌更快更深地传播,网络视频社交媒介为网红经济的发展提供了依托平台,也因此孕育了更多网红。同时,大众媒体时代已经进入到分众传媒时代,社会中的群体被各类社群垂直切割,个人颜值和智力的价值在垂直人群中渗透更深,被分众社群得到认可,也吸引了过剩资金的关注,网红经济因此得以产生。微博——这种互联网和手机应用最好交集的新媒体,以数字化和互动性为根本特征,也是很多网络红人资本化运作的第一平台,她们将微博作为个人媒体,吸引粉丝,积聚人气。利用新媒体,能够通过多种方式迅速变现,使得"网红经济"蓬勃发展。

网红并非是全新的概念,而是伴随着互联网传播技术的革新而不断变化发展的。网红的"1.0"版本,主要以芙蓉姐姐、犀利哥和凤姐等为代表,他们的成名离不开段子手、论坛贴吧的炒作和媒体的跟风报道。在互联网社交领域众多网络推手的作用下,第一代网红群体逐渐被广大人民群众所熟知。但是,第一代网红并没有过多的参与到商业活动中去,广大网民更多的是关注这些人身上的"反差感",采用猎奇的眼光审视他们,商家也没有从他们身上挖掘出更多的商业价值。现如今,随着移动互联网时代的到来,视频直播和微信等媒体的发展,出现了数量更多的网红。

据调查,一般网红的变现方式主要有以下几种。

1. 广告收入

通过树立自身在互联网的传播力和影响力,获得广告收入。首先,网红可以建立属于自己的微信公众号等自媒体账号。由于网红人气高,阅读量大,所以在自媒体账号上做广告具有较大的影响力。因此,许多广告商借此平台打广告,而网红则能获得相应的广告收入。除此之外,网红通过在社交平台发布使用相关产品的视频或图片,配上推荐文章,将产品推销给粉丝,从中获取分成。

2. 电商盈利

淘宝网数据显示,目前在淘宝女装类目中,月销售过百万元的网红店铺约有 1000 个。2015 年"6·18"大促中,销量前十位的淘宝女装店铺有 7 家来自网红店铺。其中代表性人物雪梨的淘宝店"钱夫人家 雪梨定制"2014 年销售额超过 2 亿元。2015 年"双 11",张大奕的店铺"吾欢喜的衣橱"(见图 6-1)成为网红店铺中唯一挤进全平台女装排行榜的 C 店(个人淘宝店),2016 年更近一步排名全平台女装店第 11 名。此外,2016 年"双 11",Anna 的店铺"ANNA IT IS AMAZING"和雪梨的店铺"钱夫人家 雪梨定制"(见图 6-2)家分别排名第 10 和第 14 名。网红店铺的强势崛起以及直播等网红结合模式的导流效果显著,无疑验证。

图 6-1 张大奕的淘宝店铺   图 6-2 雪梨

3. 打赏费用

在移动互联网时代,用户存在大量兴趣娱乐等社交需求,视频直播平台应运而生。用户在直播平台购买虚拟货币为喜爱的"主播"打赏,"主播"获得的虚拟货币的金额再由"主播"与平台协商分成。

现在的网络红人主要分为两类:一是颜值型网络红人;二是智力资产型网络红人。颜值型的网红凭借高颜值吸引受众、积累人气和关注。智力资产型是除了颜值外的另一种网红经济形态,可以在颜值的基础上形成更强大的动力,使智力与颜值促成更深一步的资本化。其中最值得一提的就是 Papi 酱,她颠覆了传统意义上网红的走红套路,打响了网络经济的升级战。她以一个大龄女青年形象出现在公众面前,凭借张扬的个性、毒舌吐槽、内容的创意性以及拍摄剪辑技巧使她的短视频迅速引爆微博平台。从 21.7 万元起拍,到 2200 万元落槌,Papi 酱广告处女秀的拍卖只用了 6 分钟就有了结果(见图 6-3)。Papi 酱被誉为 2016 第一网红,4 个月吸粉 1000 万人,融资 1200 万元,估值 3 亿元。她的出现,可谓是运用新媒体技术以充分展示其个人智力资产的成功案例。作为一个网红,Papi 酱的颜值显然不算引人注目,但其之所以能够将自身的优势资本化,就在于其除了颜值外,还能以简单的语言和犀利的洞察力将自己的智力优势开发出来并加以放大。Papi 酱快速走红靠的是充分利用自有资源的整合式创新,由此可以看出,智力在网红经济中起到一种资本作用,这也在无形中推动了新媒体形势下商业模式的另一种创新。

图 6-3 Papi 酱广告处女秀拍卖

网红经济本质是内容产业,因为吸引用户要靠内容。虽然将受众的好感度转化成消费率是网红内容以外的工作,但是缺乏踏实的内容创作会成为网红经济持续增长和健康发展的最大绊脚石。在当今这个信息化社会,粉丝的盲目追捧也会回归理性,这种情况下,除非有极具深入人心的网红原创内容,否则很难杀出重围。

网红经济是一种快速崛起的新生事物,全社会理当给予足够的包容。只有在一个理念开放和商业规范的环境下,网红经济才能走得更远,才能涌现更多顺应发展新形势的商业形态,才能进一步推进创新型商业模式的发展。

6.1.5 分享经济

分享经济(亦称共享经济、合作消费)是通过互联网平台将商品、服务、数据或技能等在不同主体间进行共享的经济模式。其核心是以信息技术为基础和纽带,实现产品的所有权与使用权的分离,在资源拥有者和资源需求者之间实现使用权共享(交易)。其发展理念基于"人们需要的是产品的使用价值,而非产品本身"。在新模式下,人人既是生产者也是消费者,人们越来越注重产品的使用价值而非私有价值,分享性而非独占性。

分享经济的概念已经在各个领域的活动和组织中得到不同程度的发展。它建立在"社会经济生态系统,关于人与物的资产共享"的理念基础上。它涉及不同的人员和组织,并实现创新共享、生产共享、分配共享、贸易共享、消费共享以及服务共享。如图 6-4 所示是分享经济消费模式。

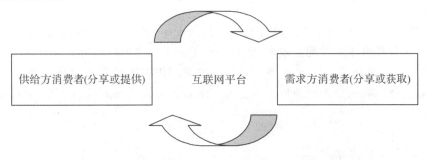

图 6-4　分享经济消费模式

分享经济主要具有以下三个特点:一是以现代信息技术为支撑。互联网尤其是移动互联网技术的成熟实现了共享的便捷化,大大降低了共享的成本。二是以资源的使用权交易为本质。共享经济形成了一种双层产权结构,即所有权和使用权,分享经济提倡"租"而非"买",需求方通过互联网平台获得资源的暂时性使用权,以较低的成本(相对于购置而言)完成使用后再转移给其所有者。三是以资源的高效利用为目标。分享经济强调产品的使用价值,将个体拥有的、作为一种沉没成本的闲置资源进行社会化利用,最终实现社会资源有效配置与高效利用,有利于经济社会的可持续发展。

分享经济发展初期,主要以实现房产、汽车等成本较昂贵的固定资产的共享为主,如美国房屋租赁领域的 Airbnb 和汽车租赁领域的 Uber(见图 6-5)、RelayRides(见图 6-6)、Lyft、SideCar 等公司成为美国共享经济的典型代表。随着实践的不断深入,共享经济已渗透到居民生活的方方面面,从实体的汽车、车库、衣服、房子到非实体的技能、计算资源、时间、智力等,都成为共享的对象。

图 6-5　Uber 叫车平台

图 6-6　RelayRides 租车网页

基于社交网络平台的分享经济模式是以 Facebook、微信为代表的社交平台,帮助用户与现实生活中朋友、同事等分享生活体验,进而衍生出朋友间的协作消费。这种模式实现朋友间点对点、点对面的协作生活方式或者圈子营销,因此形成了社交式的共享经济模式。如借助微信平台的微商,实质就是"开放平台＋朋友圈",通过用户交流和互相关注,从个人在社交媒体里面的信息足迹和人际关系链出发,把线下产品或服务推广融入社交网络中,通过"口碑营销"在多个圈子群体形成几何级数传播。与国外共享经济通常以专门的网站各司其职的现象不同,国内则更多地借助原本就有大量用户群的社交网站来实现协作消费。比如豆瓣小组、QQ 群、论坛以及微博中的微群等都出现了拼饭、拼车、拼屋的专门板块。

互联网时代出现的分享经济蕴含着一场新的变革,即利用社会闲置资源进行高效的供需匹配,不仅提升了资源配置效率,而且拓展了分工合作的组织形式。分享经济的本质是人与人关系的跃升,传统生产关系中对个人的束缚正在逐渐消失,人与人的关系开始向"自由人联合体"靠近,个人的地位得到提升。随着人与人之间关系的跃升,新的组织方式逐渐形成。

6.1.6　定制经济

经济不断发展,物质生活水平不断提高,消费者在满足基本生活需求的同时,也在积极地追寻更深层次的乐趣,希望产品能和自身建立联系,根据自己的要求设计,满足自己对产品特定功能的需求,追求个性化。消费者在追求个性化的过程中,由于当今市场环境竞争日益激烈,企业为提高顾客满意度,纷纷提供满足消费者特殊要求的产品和服务。"定制经济"在这种情况下悄然出现并且迅速发展。

1. 服装定制的发展

与其他产品相比,消费者对于服装的个性化需求更加强烈,定制服装无论国内外都起源于封建宫廷,体现了这种服装艺术形式出现的历史必然性。随着上海开埠并逐渐建立了作为东亚乃至亚洲时尚中心的地位,历史的机遇使"红帮"登上中国近现代服装变革的历史舞台。来自宁波的男式红帮裁缝以西服为主营业务,后来演变为西装。来自上海的女式红帮裁缝则以西式女装为主营业务,后来演变为时装业。于是,出现了一大批享誉全国的定制服装百年老店,但当时的服装定制充其量只能算作来料加工,与真正的高级定制差距很大。而后,由于社会文化的变迁、服装业态的变革和消费需求的变化等因素的影响,定制服装在中国的发展一度低迷,甚至处于一种被边缘化的状态。

现时代,高级定制从艺术品的象牙塔走上街头,走向大众。定制化趋势成为年轻一代时尚生活的组成部分,是当代消费者个性化需求的回归和自我观念的再现。时尚大师们纷纷与大众品牌联手,原本以顾客需求为导向、专属于高级定制领域的设计师纷纷走向大众,大众品牌则趋向于个人特质、个性化。两者呈现出前所未有的融合态势。同时,电子化量身定制服装技术的发展更加速了这一趋势的演进。纵览服装定制从对时尚的绝对话语权,到被大众化成衣湮没,再到两者的互融互补,服装定制以其自身的独特魅力延展发展。服装定制虽然价格昂贵,但它体现出一种对材料和原料珍视的态度。甚至一件定制的时装在使用十年后,还能送回定制店铺,根据消费者体型的变化,再对服装进行修改。增加使用寿命、修改再使用的概念与品牌生态学、低碳化潮流的某些观点不谋而合,使服装定制越发显得精致和具有使用价值,甚至社会价值。服装定制消费者追求的是一种功能、设计、品质与细节间的紧密联系,一种通过价格、功能、设计最大限度的和谐统一表现出独特的氛围与节制的美。毕竟历史不能创造而文化可以积淀。

2. 服装定制的业务类型与市场现状

服装定制市场消费层次丰富,无论是对特殊消费者的个体差异尊重,还是企业家、商界精英对得体穿着的需求,社交场合的需求,婚庆着装需求,或是职业需要,这些不同层面、层次的需求都共同勾勒出一个层次丰富、具有中国特色的服装定制市场。目前,中国定制市场的业务类型主要分为以下三种:①国外品牌为主的高端企业开展的定制业务,如杰尼亚等;②以小批量制作为主的个人工作室,如吉承的婚纱定制业务;③以团购定制为主的本土定制企业,如乔治白等。

在目前的服装定制领域中,NE·TIGER 快速进军零售领域,玫瑰坊转向直营连锁,无不反映着中国服装定制业走向世界的征程。同时,更多大众品牌运用定制思想,迎合当代消费者的个人品位,如 Levis 的"个人牛仔裤"计划和 BABIE 的"设计实验室"。值得一提的是,一些成衣品牌顺应多元化的市场需求,近期纷纷开始打造自己的定制品牌,如雅莹等品牌不仅新增了自己的定制品牌,还针对婚庆市场推出了婚庆定制服务;Sammy、影儿等品牌导入了会所式服务,玩转定制概念。各高端成衣品牌纷纷拓展定制市场,更多大众品牌进军团购定制市场。

随着生活水平的提高,社会观念的不断更新,以及与国际服装文化的融合,人们越来越需要为自己的生活方式匹配一种适合的精神与文化;在个人身上,体现为精神和气质;在整个社会中,体现为一种生存状态。

3. 数字化与定制化品牌趋势

定制化是指依消费者需求进行的定制,指向具体产品、服务或体验,将个体消费者信息贯穿于产品设计、使用、品牌营运的全过程。数字化是指基于新技术带来的市场变革、消费行为变化,诱发品牌的技术升级与战术变化,强调品牌互动与全渠道沟通过程中的科技应用。在分享型经济背景下,借助于网络平台与数字技术,将闲置资源通过分享理念和社会运转,创造新的价值。分享理念与数字技术、客制需求二者结合,不断催生新的商业模式。

在订制化与数字化背景下,服装品牌模式不断演化。品牌通过将消费者的消费行为数字化,大数据实时统计,准确把握消费者的购买习惯,对其进行精准信息推送,从而提升用户体验;同时利用线上线下平台搭建,增加品牌与消费者互动,以培养消费者黏性。

数字化与定制化是当前零售领域的两种主要趋势,对服装品牌的发展提出新的要求与挑战。立足于体验与个性化诉求,应用科技手段,优化品牌模式各个维度,实现品牌升级演化的目标。通过品牌数字、定制化评价体系,识别核心要素。通过目标层、战略层、战术层、基座层的区块组合与协同应用,围绕数字、客制品牌模型的内容重新组织品牌要素与运作流程,是实现品牌演化的有效路径。

6.2 水平传播理论与流行的传播方式、特点

服装理论家李当岐教授曾提出,进入 20 世纪后,在工业化的进程下,流行不再局限于小规模的模仿现象,而是朝着跨越地域、国界、阶层的局限,大规模、快速地发展。这揭示了时装流行原理的形成与大众传播有着密切关系。在大众传播进入 20 世纪以后,流行具有新的特色。社会学家杨越千把这种服装中的流行称为"现代社会的流行"。

6.2.1 水平传播理论的提出与发展

水平传播理论是由查尔斯·金(Charles W. King)于 1963 年提出的。到了 20 世纪,服装已不再是特定社会或经济阶层的象征,而是个体角色定位的选择手段。该理论认为,当时,流行更多的是在群体内部或是同类的群体之间传播,而不再仅仅是垂直地由一个社会阶层传播到另一个阶层。例如,大学里刚进来的新生穿着总是千差万别,而经过一两年的集体熏陶后,着衣风格趋于统一,并形成学校特有的风格。

在现代大众市场环境下,随着传播媒介愈加发达,出现了所有社会阶层同时把有关流行的大量情报向社会各个阶层传播的现象,即真正的流行产生自大众内部。大众与过去的上传理论引导的服装流行传播的时代背景下的大众相比,对整个社会的影响力要更大更广。在此环境下,一度强大的传统"下滴论"逐渐被这种新的学说取代,这一时期的妇女不再把注意力集中在上层阶级,她们开始模仿名噪一时的运动员或电影明星。

电影理论家巴拉兹曾预言,电影将开辟一个纯粹通过视觉来体验事件与思想的新方向。在社会传播方面,电影对时装起到巨大的促进和推动作用。作为视觉的先导,电影给女性在服饰和容颜上以示范,电影的普及使女性更加关注自己的形象和身体,这一定程度上也有唤醒女性自我意识的作用,对现代女装的推广有着不可磨灭的贡献。另外尤其值得注意的是,在西方影坛的造星运动中,女明星取代贵妇成为引领流行的代言人。

奥黛丽·赫本和因影片《七年之痒》成为性感女神的玛丽莲·梦露通常被认为是 20

世纪大众偶像的代表。她们不论在影片中的银幕形象,还是生活中的穿着打扮,都对时髦女孩产生重要影响。赫本水灵清澈的大眼睛,浓黑密长的眉毛,一头帖服的小卷短发,表现得极为活泼、青春,成为许多女性的榜样。

美国社会学家布卢默(Herbert Blumer)认为,现在是消费者自己制造流行的时代,是设计师在适应消费者的需求,现代流行是通过大众的选择实现的。虽然从表面上看,掌握流行的领导权的人是创造流行式样的设计师和选择流行式样的客商,但实际上他们也都是某一类消费者或某一消费层的代理人,只有消费者的集体选择,才能形成真正意义上的流行。

6.2.2 水平传播的特点与传播轨迹

20世纪初,第一次世界大战成为流行传播的契机,战后的时装呈现国际化的趋势。这个趋势表明,巴黎不再是唯一的流行策源地,伦敦、米兰、纽约、东京的时尚地标作用逐渐鲜明,与巴黎共享"世界时装之都"的美誉,对全世界的流行起指导作用。这充分体现了现代时装不分国界的特点。这就是大众传播反映出来的流行观念。

现代水平传播的特点主要有以下几点。

1. 传播速度快

网络时代之前,服装流行的节奏变化是非常缓慢的,一种流行服装的款式、颜色能持续流行长达一个世纪之久。这导致每一个历史时期的流行服饰都具有典型的时代特征。一定程度上来看,流行服装变迁速度是随着信息传播速度的变化而变化的,在书本知识年代,普通民众接触的信息是过时的,报纸也只能使人们了解当地的信息,而网络的产生使得信息在全世界范围内进行传播。这就使得服装信息的传播速度不断加快,流行服装不再是单一的形式,而演变成一种服装理念或者一种服装概念的流行,这样导致了流行服装的信息传播速度加快,进而呈现出大众化倾向。

在20世纪50年代,设计师要花上一年时间才能在巴黎举办一场发布会,而这些流行的风格引进到世界其他城市则需要花费更长的时间。如果要在小城市或乡村看到这些款式,可能要到一年以后。但是今天,科技的发展把世界带到了信息时代,在巴黎刚发布的流行信息,隔天可能就在其他国家的某条生产线上了。当某些服装通过大量的传播媒介进行广泛宣传之后,或是通过某些著名人物的穿着表现之后,能在极短的时间里产生迅速追随和模仿的流行风潮。但是,如果这种流行服装的功能与它的形式效果差距过大,那么这种流行又会在短时间里迅速消失。

2. 传播范围广

通过网络媒介的传播,时尚信息不再局限于某个国家或民族。人们接受流行讯息的时间接近同步,这些公开的流行信息不再只服务或供某个阶层使用。同时,网络含有巨大的流行信息量,包含并提供多风格的时尚流行,满足了大众求新和追逐个性的心理。

3. 来源渠道多

媒体的参与使得所有流行从业者以及社会大众都能吸收到各种报纸、杂志、书籍、幻灯片、影片上的流行信息。几乎囊括了流行服饰工业中各种层面的相关知识和资讯。在这里有对流行信息的研究和报道;有流行时尚的内幕;有建议最新流行的时装和时尚的穿戴方式;对过去的流行做出的总结;对未来的流行趋势做出的预测;评论各品牌、设计师、明星名流的最新动态;介绍各商家的运营和信用情况;报道时装界的各种大小事件……

  杂志是水平传播最主要的载体之一,在流行的传播过程中担任非常重要的角色。根据针对的消费群不同,杂志的类型也是五花八门。例如,在*VOGUE*(见图 6-7)、*ELLE*(见图 6-8)上可以看到创新的设计,了解下一季度的时尚、著名时装品牌的广告,编辑的评论等。消费杂志将时装的流行趋势感性地介绍给读者,同时也将众多的时装品牌及其设计师和作品介绍给消费者。他们介绍的都是当季的流行,一般不会做超前的流行预测。与消费杂志不同的是,面向流行从业者的专业杂志,他们的目标消费群是时装界的采购人员、设计师、面料和成衣制造商、零售商、时尚顾问、创意总监以及市场中的厂家代表。由于近年来市面上的杂志愈来愈多元化,而杂志编辑的内容也很多样,杂志的功能不单单包含引导青少年接触流行,也是一种流行生活意识的散播媒介。

图 6-7 *VOGUE* 杂志   图 6-8 *ELLE* 杂志

  由于人们对流行现象的关注越来越普遍,所以也就对传播新的流行的大众媒介十分关心。从时装杂志看传播媒介对服饰的意义主要有以下几点:加速了流行,这一媒介功能使用得最频繁,它能及时地传播服饰信息,使得服饰的更新速度加快,缩短了流行周期;引导了审美方向,杂志推广的是时新的生活理念和装扮技巧,当女性去参考和借鉴时,也逐渐改变了她们的审美观;进入消费时代,随着新的都市消费理念的兴起,时装在杂志上的意义越来越被固定在推销商品和维系顾客上。

  因为各种新媒体的出现,现在的报纸对时尚的影响力已经稍有退步,比不上其他媒体。但报纸仍然有它的优点:适合各类人群阅读、成本低、信息迅速及时、地区针对性强。专业的时装报纸满足了时装界人士及时获取业内各种信息的要求。如流行信息发布、时装展会报道、编辑推荐的流行产品、名人明星的最新亮相、各大品牌的最近动作、生产材料的供需情况等很多版面。最出名的是美国《女装日报》(*Women's Wear Daily*),主要报道美国女装流行的款式、市场动态、流行趋势以及服装界和社交界的新闻。它的闻名之处还在于,编辑们会在首页批评他们不能苟同的作品,甚至可以决定哪些设计师能主导当季的流行,而设计师们也会急于参考这份报纸以便确定自己是否做对。

电视是最容易被消费者接触到的媒体,几乎每个家庭都会拥有一台或几台电视机。电视的普及程度之高足以让它成为最强的媒体。电视有很多的优点,它声形并茂,令观众印象深刻;它有强大的渗透力,可以快速地进入千家万户;它可以重复播出,单位观众成本低;它能吸引观众的全部注意力……虽然电视很强势,但它仍然不是最主要,甚至是次要的流行传播媒体,那是因为电视的制作成本高,不是一般的时装品牌可以承受得起的。一般汽车、食品公司会在电视上做大量的广告,至于服装行业,只有大公司,而且是品牌风格比较传统的、单件销量很大的男装品牌才会在电视上做广告,一般是西服、衬衫、内衣之类的单一品牌或跑量的休闲装。打开电视,我们经常能看到这样的广告:某男明星穿着西服,志满意得,一副成功人士的样子。

虽然,时装在电视上做广告的不多,但千万不能忽视电视在流行传播中的作用。电视上出境的人物,一般都是进行了精心的包装。在看电视的过程中,消费者潜移默化地受着人物装扮的影响。尤其是偶像人物的穿着打扮方式,总让消费者群起而模仿之。随着经济生活的日渐丰富,消费者更加乐于在自己的着装上投资,这使得各种时尚电视节目得以生存。近几年,国内各大电视台纷纷开辟出栏目做时尚类节目,甚至专门有做时尚类的频道。这些电视台除了娱乐观众外,对流行的传播也不遗余力,它们不断播放着世界各地的时装展示会,对时尚界人物进行访谈等。

网络的普及加速了流行的传播速度,相应地也使流行消亡得更快。时尚类网站根据受众不同可分为大众时尚网站(大多为免费网站)和专业时尚网站。大众时尚网站是指面向广大消费者的,涉及服装流行信息的网站。很多门户网站、综合性网站都会开辟出一个频道来报道时尚流行类信息。在这些频道中,广泛地报道着当前的服饰流行资讯(时装周、服装秀、潮流风),名人明星的穿着打扮,如何装扮自己的技巧,女人们的购衣经,怎样美容美发……凡大多数消费者关心的话题,都会在这里出现。专业时尚网站是指面向服饰从业人员的,专门报道服饰有关信息的网站。例如,Worth Global Style Network(WGSN)是一家全球领先的趋势预测机构(见图 6-9),为时装、时尚、设计及零售等各大产业提供最具创意的潮流资讯和商业信息。

图 6-9　WGSN 时尚流行资讯预测机构

在这个信息社会,广告铺天盖地,人们在翻阅时装报纸杂志的同时,也时刻留意着周围的环境:商店的橱窗、街上的行人、各种促销活动、户外大型招贴画、车体广告、地铁广告,还有塞得满满的邮箱(现实的和电子的)……时装表演虽然是一种以视觉效果为特征的舞台活动,但它主要体现时装的款式、色彩、面料和各种附属装饰品。服饰表演经历了漫长的发展历程,它由展示给欧美上流社会的豪华的高级女装表演逐渐变为一种大众性的文化活动。在世界各地的商场、宾馆、剧院、学校乃至街头,人们都会欣赏到各种各样的服饰表演。90年代初,意大利服饰表演制作人员提出"时装表演走下舞台,走向街头"的口号,将服饰表演搬到广场、庭院、商场门口等户外场所举行,取得了意想不到的效果,这一做法得到广泛承认,形成街头式表演。街头式表演打破了服饰表演的一些固有模式,对服饰表演艺术的完善起到了很大的推动作用。

品牌除了在自身内涵上下功夫以外,还要做大量的宣传活动。时装广告对于品牌形象的建立起着相当重要的作用,间接地引导着流行趋势的走向,并对消费者的流行兴趣产生影响。卡尔文·克莱因的成功有部分归功于他出位的广告(见图6-10)。

橱窗是展示品牌形象的窗口,也是传递新的流行服饰及推广主题的重要渠道。橱窗陈列,能最大限度地调动消费者的视觉神经,达到诱导、引导消费者购买的目的。服装橱窗里展示的样品不是选择货场内大量销售的产品,而是展示超前的、新研制的、新开发的新材料、新工艺、新技术、新款式、新功能以及即将投产的新样品。迪奥先生对命运际遇深信不疑,正因如此,很多图案或标志都成为迪奥Dior的象征物。三叶草、铃兰、塔罗牌……这些神奇的符号为历任创意总监提供了不竭的创意灵感。如图6-11所示,在老佛爷百货商场的橱窗中,这些元素构成了一个个章节,与源自2017—2018年成衣系列的蓝色身影以及品牌多款经典香氛相映成趣。

图6-10　CK香水广告　　　　　图6-11　Dior巴黎老佛爷百货七十周年橱窗设计

4. 交互性、即时性强

网络传播中,受众与传播者或者受众与受众之间可以在一定程度上进行直接双向交流的特性叫作网络交互性。在水平传播理论中,流行信息接收的大众与传播或发布流行讯息的发出者也具有不同程度的交互性。在移动互联网时代,有数不胜数的社交平台,大众在接收流行信息的当下就能反馈自己的想法或意见,流行信息交流此刻也显得更为即时。

5. 去中心化

随着主体与客体相互作用的深入，认知机能的不断平衡，认知结构的不断完善，个体能从自我中心状态中解脱出来，皮亚杰称之为"去中心化"。此处所指的"去中心化"是互联网发展过程中形成的社会化关系形态和内容产生形态，是相对于"中心化"而言的新型网络内容生产过程。相对于早期互联网时代，今天的网络内容不再是由专业网站或特定人群所产生，而是由全体网民共同参与、权权平等共同创造的内容。任何人都可以在网络上表达自己的观点或创造原创内容，共同产生信息。

过去的时尚传播者是媒体专业人士，时尚消费者与传播者之间有距离，也与传播者所传播的观念和对象有距离，难以互动；而现在，时尚消费者更是时尚的传播者、生产者，他们将自己关于时尚的所思、所想、所见、所闻发布在网络中，与自己所关注的对象及粉丝互动，互相影响。

过去，关于时尚流动、传播的路径主要有两种不同的观点：齐美尔从社会阶层的角度，将时尚视为从较高阶层向较低阶层的扩散过程，上层永远处于表达风格的时尚制造者的位置，而下层出于对上层生活向往的需要而总是在模仿。同样是社会阶层的角度，社会学家保罗·布卢姆伯格(Paul Blumberg)却得到了不同的结论，他考察了诸如长发、背心、粗棉布工作服等反主流文化的流行装束从下往上渗透的事实，认为失去社会地位的、反文化的人群所制造的时尚也可能向上层阶级扩散。水平传播改变了过去时尚单向的自上而下的贵族精英模式，增强了时尚话语的扩散和民主，也改变了过去单向的自下而上的底层平民反抗模式，消弭了等级界限，将传统的单向沟通模式变为互动的双向过程，实现了消息发送者和接收者之间平等、灵活、双向的共生关系。

6.3　水平传播过程中的时尚驱动群体

6.3.1　网红

在当今的网络世界中，自媒体发展越来越迅速。随着微信公众号、微博短视频、直播平台、美拍、秒拍、小咖秀等很多自媒体平台的出现，越来越多的网红出现在公众眼前，围绕网红衍生出的产业链及新形式的网红经济应运而生。网红经济目前主要是以搞笑、吐槽、幽默以及年轻漂亮、多才多艺的网络红人为代表，以其品位和眼光为主导，进行比选和视觉推广，在社交媒体上聚集人气，依托庞大的粉丝群体进行定向营销，从而将粉丝转化为购买力、消费能力的一种新经济现象。

表达是人类天然的欲望和本性，人们通过表达来呈现自我的特质、偏好，向志同道合者发出讯号，以求获得认同，同时也渴望着展现自己的独特性和与众不同。表达的根本在于自我呈现，即试图通过一系列行为方式来告诉外界自己是什么样的人。

这些通过穿搭体会、化妆等方式的价值输出，则可以很大程度上将粉丝直接引流到她们所经营的淘宝店铺上，实现高达 10% 的购买转化率。

对于受众而言,网红是网络空间中的小明星,但又不同于明星,因为网红更亲和,更贴近受众。这种亲和性一方面来源于网红的草根出身属性,对于受众而言,网红也是普通人,虽然在网络空间中脱颖而出具有相当的影响力,但在现实生活中依然是和受众具有同等地位的普通人。网络给予普通人影响力的同时,也使得受众更容易对这些普通身份出身的网红给予更多的认同,他们现实生活中平凡普通的身份无形之中拉近了与受众之间的心理距离。不同于对传统明星高高在上的崇拜,受众对于网红更接近一种"微仰角"的关注关系,网红呈现给受众的是一种普通人只要努力勤奋也许就可以达到的成功样板,获得网络影响力的过程本身对于广大受众具有激励和鼓舞作用。受众会在关注的众多不同类型的网红身上形成对自身的投射,这种投射中包括自身理想达成的预期,也包括很多隐蔽而不便公开的欲望和想法,这些受众自我的期待在特色各异的网红身上统统可以实现,进而也在某种程度上给予受众一种实现自我认同的慰藉。网红亲和性的另一方面表现为其呈现内容的日常化,通常是日常生活的直播式呈现或者对日常生活话题的感受和见解,受众从这些日常化内容中极其容易获得认同归属,从而对网红营造的或小资,或励志,或有趣的生活细节产生浓厚的兴趣及效仿的冲动。

6.3.2 平民时尚偶像

街拍作为当下流行于青年群体的一种都市文化,它最早是源于时尚杂志收集潮流信息的需求,用相机捕捉街道上的时尚元素,同时传递了来自民间的流行信息,于是所谓的"街头秀"就应运而生。如今,"街拍"活动正逐步成为国内外年轻人一项新的街头文化活动。

Zina Charkoplia(见图 6-12)是少数只看长相就让编辑喜欢上了的博主,她有相当讨巧的样貌,甜美与中性是她的风格,但是当你看完 Zina Charkoplia 的穿衣搭配之后,相信你对她的好感不止这一点。Zina Charkoplia 绝对不是那些用"大牌"堆砌出来的"时尚

图 6-12 平民时尚偶像 Zina Charkoplia

ICON",她对平价的衣服可是相当偏爱,在这些平价单品的搭配中,融入强烈的个人风格,比如蕾丝连衣裙与短靴,皮质短上衣与蓬蓬裙,这样风格反差的搭配是 Zina Charkoplia 最擅长的。Zina Charkoplia 的搭配绝对是你可以参考的每日穿衣示范,只要有风格,穿平价衫也能做时尚偶像。

6.3.3　明星影响力

随着大众媒体和新兴媒体的迅速发展,明星的粉丝群体日益庞大,明星着装对流行时尚的影响力日益凸显。自有娱乐产业以来,影视明星在影视作品或娱乐节目中所穿服装引发潮流的现象屡见不鲜。影视明星对时尚的引领是通过其受众和粉丝实现的。粉丝是当今社会化网络时代的典型产物。通过当今的微博、微信、直播等新兴网络平台,粉丝可以随时了解明星的动态,并和明星进行交流,进而和自己喜欢的明星建立更为亲密的关系。他们对其喜爱的明星给予大量甚至过度的关注,对自己喜爱明星的其他粉丝有着强烈感知与认同。正是如此,粉丝通过粉丝之间的信息交流和相互影响,群体数量不断壮大,粉丝群体显示出前所未有的活跃。

明星着装影响力是指消费者(使用者)对明星穿着某一具体服装的形象产生的认知与联想,并因此产生购买计划或消费行为的过程。在明星着装产生影响力的这一事件中,包含有明星、消费者(使用者)和服装三大内容。但不可忽略的是,明星穿着某件服装的形象是由媒体传递给消费者(使用者)的,因此明星着装产生影响力也应从媒体、明星、服装和消费者(使用者)这四个方面进行分析。

明星着装对时尚流行的推动发挥了巨大的作用。明星着装所影响的消费者(使用者)可以是明星的粉丝、其他明星或一般消费者(使用者)。受明星着装行为影响的消费者(使用者),在模仿明星着装行为时,其自身条件、言谈举止所体现出来的形象也会影响着明星的形象。参照 Biel 品牌形象模型,消费者(使用者)形象的软性因素为个性特征、社会阶层、价值等;硬性因素为年龄、性别、职业、收入等。因此,明星着装行为影响的消费者(使用者)因素应包含消费者(使用者)自身条件和消费者(使用者)个性特征两方面内容。消费者(使用者)的自身条件包括年龄、性别、职业、收入、教育程度、居住位置等内容;消费者(使用者)个性特征包括时尚态度、社会阶层、价值观念、生活方式、兴趣爱好等内容。

6.3.4　社交平台

我们正在进入一个社会化媒体蓬勃发展的新媒体时代。这个时代的重要特征是:普通公民很大程度上成为信息的整理者、传播者、评论者乃至生产者、发布者,社会的信息生产不再由专业化的大众传媒机构所垄断,而是日益分散化与社会化。这一过程同时也在改写时尚传播的生态。

1. Instagram

Instagram 是一款最初运行在 iOS 平台上的移动应用,以一种快速、美妙和有趣的方式将你随时抓拍下的图片分享彼此。在 Instagram 上,女性品牌平均每天更新 20 次内容,并且每张图片的平均互动数在 9.2 万次左右,而 Twitter 上,女性品牌平均每天更新 26 次,但每张照片平均仅能收获 490 个赞和 1117 条转发;Facebook 上女性品牌的更新频次为日均 8 次,每张图片的平均互动数为 8000 次左右。

Instagram 自六年前成立以来,一直在稳步发展,并逐渐为时尚品牌钟爱。但是,最初它主要是被视为制造"噱头"的小手段,许多时尚品牌认为它只是一个社交平台,尽管愿意为此支付费用,但并不确定其是否拥有其他社交平台所不具备的独特价值。但时尚品牌迅速发现,Instagram 在品牌营销中的极大价值,视觉化平台不仅能让品牌更直观地展示自身产品,也可以贩卖一种生活方式,同时还放大了消费者对"即视而不得"的恐慌感。2015 年 6 月 1 日,Instagram 轻松打败了各种老牌时尚杂志及网站,赢得美国时装设计师协会大(CFDA Fashion Awards)的"年度媒体大奖"。当红博主、网络红人、95 后超模等的一张街拍便可获得百万点赞,甚至影响当下的时尚潮流,消费者们也似乎完全不在乎时装杂志的专业评论,只关心自己的偶像们在社交媒体 Instagram 上介绍或者谈论是什么(见图 6-13)。

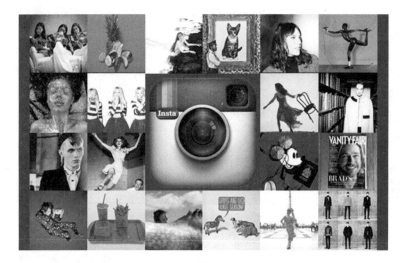

图 6-13　Instagram 的 APP 页面

Instagram 已经成为品牌实现其社交策略的重要手段,而面向年轻人的时尚品牌在运用 Instagram 时显得更加游刃有余。Instagram 对于那些想和年轻的女性进行深入沟通的品牌来说更是独具魅力,比如,在 Instagram 发布植入产品的图片,引导出混合着产品元素的特定生活方式,如吃着比萨、喝着咖啡这种被视为"难登大雅之堂"的场景。

2. 微博

新浪微博(见图 6-14)于 2009 年 8 月开始内测,截至 2016 年 11 月,微博月活跃用户为 2.97 亿,总营收达 11.8 亿元。新浪微博成为中国用户数量最多的微博产品。知名用户众多是新浪微博的一大特色,覆盖大部分文体明星、企业高管和媒体人士。庞大的用户量和高关注度带来的巨大商业价值使各大时尚品牌将新浪微博列为重要的时尚传播平台。

图 6-14　新浪微博 Logo

　　时尚品牌通过微博进行时尚传播。新媒体相对于传统媒体的一大特点是对受众的进一步细分与识别。在这方面,微博的细分化特征更为明显,通过微博进行时尚传播时,时尚品牌将信息输送给合适的人,是进行时尚传播的一种策略。高端时尚品牌如 Givenchy、GUCCI、CHANEL 等,每季新款发布会都在其官方微博发布秀场照片,紧接着会有诸如 gogoboi 等微博知名时尚达人针对秀场产品进行点评,时尚达人的点评通常含有诸多专业词汇,语言犀利不失幽默,这使很多尚不能消费高端品牌产品的受众也能受到品牌的熏陶,从而了解国际大牌最新的时尚风向,提高其对时尚产品的感知度。而微博上具有高端消费能力的受众看到时尚品牌的最新讯息后,也会走进线下商铺一探究竟,满足好奇心和购买欲,从而实现了高端品牌进行时尚传播和时尚营销的目的。

　　平民品牌的微博时尚传播更加注重线上线下活动相结合的方式,通过优惠券、转发有礼等活动促进销售。例如西班牙品牌 ZARA,在其官方微博上,每月都会推出促销活动,如@好友赢折扣、上传时装照片赢免单等活动,以及在微博上定期发布新品信息和折扣信息。ZARA 的微博有效转发量可达百万人以上,为线下销售带来了可观的利润。

　　与综合门户网站不同,微博的“自媒体”发布功能更为明显,人人都可以成为发布时尚信息的“自媒体”。而明星因拥有庞大的粉丝群,其微博发布的时尚信息以及对时尚信息的转发都会为时尚传播带来影响。

　　各大时尚品牌在微博上发布信息的同时也会@相关明星。通过这种方式与人气明星进行绑定的微博明显比未绑定明星的微博转发量高。这些明星在微博上具有大量的粉丝以及粉丝团,时尚品牌通过“@”这个符号,使时尚产品同明星产生联系,基于明星效应,微博的转发量和曝光率也会大幅度增加。与时尚品牌的营销微博相比,明星微博传达时尚品牌信息更聚人气和关注。明星作为时尚品牌的代言人,将品牌相关信息发布到微博,以此实现时尚传播。范冰冰作为 LV、欧莱雅等品牌的形象代言人,在其微博中发布有关 LV 和欧莱雅的品牌文化信息,以及为 LV 拍摄的宣传片和时尚大片等。范冰冰的粉丝达 6000 万人,这对时尚品牌的传播具有重大意义(见图 6-15)。

　　以微博为代表的网络平台将信息由上到下的发布,转变为“所有人传播给所有人”的平行传播模式,这种由点及面的传播模式刺激了传统媒体向微博伸出橄榄枝。传统时尚媒体以时尚杂志为代表纷纷开办自己的官方微博,并拥有大量的微博粉丝,如 VOGUE、瑞丽、YOKA 时尚网等。

　　微博因社交媒体的功能与特点,准确而迅速地吸引时尚品牌入驻微博,建立属于自己

图 6-15　范冰冰身着 LV 2018 早春系列服装登 *Grazia* 意大利母版封面

的微博营销账号,进行品牌营销和推广;加 V 的明星微博,以明星本身的时尚号召力成为引领时尚传播的重要阵地;传统时尚媒体也紧扣新媒体的脉搏,在微博开拓了时尚传播的窗口。

3. 微信

微信是腾讯公司于 2011 年 1 月推出的智能手机聊天软件,截至 2017 年 5 月,微信拥有超过 9.38 亿活跃用户。微信自诞生之日起,便被走在时尚潮流前端的年轻人和社会精英所使用,微信本身已经成为一种时尚的生活方式。

微信平台的用户相比其他"微"媒体平台用户更具备对潮流的敏锐性和时尚的需求性。微信朋友圈的照片分享功能要求用户必须以发送图片为前提,这种上传图片的可视化平台,以"图片+文字"为主的模式,为时尚信息、时尚产品和时尚生活方式的视觉化传播提供了最便利的条件。同时,朋友圈所发布的图文内容面向所有微信好友公开,这就为好友之间晒生活、晒幸福、晒时尚提供了最佳的温床。因此,微信的使用人群、微信朋友圈的传播特色以及微信用户的传播心理使得微信朋友圈具有时尚传播的先天优势。

微信作为一种聊天工具,好友之间的私密性更强,时尚信息在传播者与接收者之间发生了人际传播。微信平台的人际时尚传播分两种情况:一种是个人的人际时尚传播,另一种是时尚品牌的人际传播。随着微信的广泛运用,一些时尚代购者、时尚达人利用这个高效率、低成本的平台,进行服饰商品的销售,利用朋友圈传播,在微信群和私聊对话窗口销售商品,实现了微信中的人际时尚传播。

自微信 5.0 后,微信公众平台账号调整成两大类,分为订阅号和服务号。服务号主要给企业或组织提供业务服务与用户管理,帮助企业快速实现全新的公众号服务平台。订阅号为信息的传播者和受众提供一种新的传播方式,构建更好的沟通模式。无论是订阅号还是服务号,都是由微信用户通过手机自愿添加的,因此其信息和广告的投放更像个人使用的资源定制,避免了商家对受众的强制性营销。

至 2016 年 10 月,江南布衣集团旗下女装品牌 JNBY 的微信公众号在中国女装微信公众号影响力排行榜中居首位。据悉,JNBY 在内容的打造上注重栏目的设置,以及结合旅行、摄影、美食、建筑等艺术,来展现身边事对时尚文艺的态度等。针对消费群体的特性,同时契合 JNBY 所推崇的"自然,自我"的品牌格调,使得 JNBY 选择了区别于其他大众品牌的推广模式,不走大众化路线,而是针对特定群体有目的地输出。这样的推广模式既能让认可 JNBY 品牌文化的人们有效地接收到讯息,让它的消费群体看来,又保持了JNBY 独有的小众性。在微信公众栏目持续邀请一些自由撰稿人介绍关于创作、旅行、理性等小故事,将 JNBY 和她们的生活结合起来,给推广平台上的观众展现她们的生活,并记录在日常生活的不同状态下,她们是如何搭配 JNBY 的着装状态的(见图 6-16)。

英国VICELAND制片人Roxy #
2016-10-23

让柏林的i-D女主编告诉你时髦城
2016-09-27

发生了什么让我如此开心
2016-10-31

VICE历史上第一位女主编穿上
2016-09-21

图 6-16　JNBY 公众号 *Where're we living* 栏目

6.4　当代主流艺术形态

步入 21 世纪以来,电视机和电脑这类新媒介的普及让信息的传播更加便捷,人类的休闲娱乐方式也因此发生了巨大的变化。种类繁多的艺术展览,层出不穷的电视节目和网络新闻,高雅、小众的艺术依靠便捷的媒体逐渐渗透在当代生活中。艺术创作中,从第二次世界大战前的现代主义发展而来的后现代主义,或称当代艺术,依旧影响广泛,其前卫、怪诞、娱乐化的风格是舆论争议的焦点。与此同时,各国的传统艺术也受到了社会的重视,比如中国的传统戏曲、国画、书法等都得到了有效的保护和发展。电影、电视剧、娱乐综艺节目、社交网络的普及让高不可及的艺术、设计、时尚、奢侈品等迅速广泛地传播,逐渐改变了大众的审美和消费观念,影视明星、社交名流、网络红人等在这场传播运动中发挥着至关重要的作用。

6.4.1　艺术娱乐化

马歇尔·麦克卢汉(Marshall Mcluhan)曾说："媒介即信息。"任何一种新媒介的出现都会对信息的传播方式产生影响,进而影响人类社会的思维方式和生活习惯。在印刷机时代,由于技术的限制,每一次印刷都要经过严谨的推敲,以准确无误地传达信息;但在电视、电脑的普及后,时间、空间不再是传播的障碍,信息犹如洪水般涌入。人们开始选择性地关注信息,不再一味追究信息的准确度、深度和内涵,因此,娱乐化的信息逐渐占据人们的眼球。美国学者尼尔·波兹曼在《娱乐至死》一书中指出,后现代社会的文化是一个娱乐化的时代,电视和电脑正在代替印刷机,印刷文化正在成为一种绝唱,图书所造就的"阐释年代"正在成为过去,文化的严谨正让位于快速,思想性和深刻性正让位于娱乐和快感。

艺术中亦然。便捷的电视和网络让艺术不再是高岭之花,所能接触、欣赏的观众也不再局限于某个群体,娱乐化的艺术与大众审美的需求不谋而合。充满娱乐游戏性的艺术在给观者带来娱乐享受的同时,也让人更乐于接受艺术品所蕴含的思想和内涵。比如充满互动性的装置艺术,利用高科技技术营造艺术品与观者的互动。让大众参与艺术也是当今艺术的主要思想。虽然舆论对娱乐化的当代艺术褒贬不一,担心艺术变得越来越"庸俗化",但娱乐化无疑是艺术与大众沟通的良好桥梁。

2008年9月9日,上海外滩五号的设计共和旗舰店举行艺术活动。这次艺术活动聚集了5位中国当代最知名的艺术家:岳敏君、周春芽、刘野、周铁海、金铎。"Art for The Masses" Art Toys活动早先在东南亚地区造成轰动,这次上海的活动将5位艺术家的经典作品从二维的平面转变成三维的、立体的、生动活泼的Art Toys(见图6-17),并且全球限量发行100套。虽然Art Toys在商业艺术品中很常见,但这次是将博物馆、展览馆、拍卖行中的当代艺术作品转换成了天马行空的可爱娃娃,并进行贩卖,革命性地拉近了严肃艺术与大众间的距离。

图6-17　5位艺术家的 Art Toys

6.4.2　时尚平民化

新媒介为时尚的传播开辟了新的方式,时尚信息无处不在,除了各大时装周、颁奖典礼之外,随处可见的电影、电视剧中的美丽女郎,网络上的街拍和购物分享,使大众能够随时随地接受各类时尚咨询。步入 21 世纪的时尚品牌也因此发生了巨大的变化。ZARA、H&M 这类快时尚高街品牌大范围扩散，门店遍及全球，因此"抄袭"一线品牌的设计越发猖狂和普遍，造成品牌同质化现象严重。而且，一线设计师与高街品牌间接二连三的合作，让更多的消费者以平民的价格享受到高端的时尚，H&M、优衣库等品牌的设计师联名款每年都迅速售罄。奢侈品大牌们也纷纷开发价格更加低廉、更加时髦的二线品牌吸引年轻人的青睐；年轻的设计师品牌层出不穷，他们结合了高级时装的优雅和街头时尚的年轻感，价格也低于普遍的一线品牌，如亚历山大·王、DSquared2、House Of Holland、Rick Owens 等。

明星效应的影响持续扩大。虽然消费者的品牌忠诚度在下降，但是他们会因为喜爱某个明星而去购买其代言的商品，或者特意购买明星在影视作品中所穿着的同款服装，因此品牌与明星之间的关系也越来越密切。明星不再一味地引领潮流，同时也开辟自己的时尚模式售卖潮流。现在几乎每一部热播的电视剧中的时尚商品都会受到追捧。对于中国女性消费者，韩国电视剧中的热门女性形象都会成为模仿的样板，比如韩国女明星全智贤，她在每个影视剧中的角色都会有专人搭配当季最流行的服装及妆容，观众们争相模仿。全智贤在近几年的作品《来自星星的你》和《蓝色大海的传说》中造型多变、时尚活泼，成为时尚潮流的范本，其所穿着的服装、鞋子、包袋、饰品、妆容都成为当时最火爆的单品，甚至因为购买的人太多而脱销。比如在 2014 年《来自星星的你》中，全智贤所穿着的各种大衣、外套、卫衣、桃粉色的口红、墨镜、Jimmy Choo 的高跟鞋、发卡都成为当时最流行的时尚（见图 6-18）。在 2016 年年底上映的《蓝色大海的传说》中，全智贤饰演一个来自海洋的神秘美人鱼，其在剧中的超大号卫衣、Dolce & Gabbana 亮片裙、Manolo Blahnik 经典方扣平底鞋、韩国化妆品牌 HERA 的人鱼色口红、珍珠边框墨镜、贝壳手包等又创造了一轮新潮流（见图 6-19）。因为她人鱼的特殊身份，除了在服装中有许多艳丽的印花、亮片外，在妆容造型上也有许多亮点，许多彩妆品牌都相继推出人鱼姬色彩系列。尽管电视剧中的同款一般都比较昂贵，但是大众品牌以及网店等都会相继推出价格较低的类似同款供消费者选择。

图 6-18　全智贤在《来自星星的你》中的部分造型

此外，摄像技术的发展也让明星、名流们的街拍照总能引发流行风潮，从 21 世纪初至今都是如此。比如英国超模凯特·摩丝的随意又时尚街拍、美国名媛帕丽斯·希尔顿的名媛风造型，国内杨幂、范冰冰等明星的机场街拍图，以及明星们参加综艺节目、慈善活动

图6-19　全智贤在《蓝色大海的传说》中的部分造型

等的穿着,都会被他们的粉丝们模仿。由于艺人职业的特殊性,需要经常奔波于各大城市,因而机场成为他们必须经常出入的场合。加之现在社交媒体占据了人们主要的休闲娱乐时间,明星们在机场的街拍迅速得到了大众的关注。现在的机场可谓是明星们的时尚秀场,不管是路人、粉丝拍下明星们的匆匆身影,还是品牌方或者艺人经纪公司有意为之的摆拍,他们身上所穿着的服装、配饰立刻成为人们的关注点,并且有效地带动了相关产品的销售。

在社交网络时代,逐渐涌现出许多"草根明星""平民偶像""网红",相比总是穿着昂贵奢侈品的明星们,他们通过在网络上分享照片、化妆教程、时尚心得以及旅游、爱好等生活细节,以一种更加亲切、平民的姿态传播时尚观念。而且他们主要针对大部分消费者都有能力负担的、比较平价实用的时尚商品。比如新浪微博网红张大奕,她曾是中国某时尚杂志的平面模特,后来通过社交媒体成为网红,并且开设了自己的网络店铺"吾欢喜的衣橱"。她通过在新浪微博以及直播平台中发布自己的时尚产品图片以及生产过程,以及自己的生活琐事,吸引了大批粉丝购买她所售卖的服装。网红通过一种分享的模式随时随地向消费者介绍商品,相比明星们昂贵的光鲜亮丽的造型,网红的时尚模式更加亲民,也更能抓住普通消费者关注的重点。

6.5　时尚人物

➤ 维多利亚·贝克汉姆(Victoria Beckham)

维多利亚·贝克汉姆曾是英国女子组合"辣妹女孩"的一员(见图6-20),1999年嫁给世界公认的足球帅哥大卫·贝克汉姆,并生下三儿一女。她于2006年创办了同名时尚品牌"DVB",主要生产太阳眼镜,2009年推出该品牌的第一个春夏女装系列。维多利亚本身就具有良好的时尚素养,她曾经是杜嘉班纳(Dolce & Gabbana)的英国时尚大使、Marc Jacobs和潮流品牌Rocawear的代言人,与她的丈夫David Beckham一起合拍的Emporio Armani内衣系列广告片更是引起了不小的轰动。在这以后,维多利亚·贝克汉姆不断扩展她的时尚事业,创立了品牌官方网站Dvbstyle.com,还与日本时尚品牌Samantha

图 6-20　维多利亚·贝克汉姆

Thavasa 合作推出包袋和珠宝系列。

2007 年，维多利亚·贝克汉姆同时获得了英国时尚魅力杂志奖（British Glamour Magazine Awards）的两个奖项："年度女性奖"和"年度企业家奖"，成为她时尚事业中的一座重要里程碑。2012 年春季，维多利亚·贝克汉姆推出了其品牌的年轻副线 Victoria by Victoria Beckham，色彩更为鲜明，风格也更偏向于青春活力。

维多利亚一直以身穿紧身裙、脚踩恨天高的傲气形象出现在公众视野，甚至连怀孕时都必须要穿着高跟鞋出门购物，她的同名女装品牌也持续了她的这一时尚特点——紧身、干练、硬朗。虽然她这一时尚形象受到过不少争议，但已被时间证明是受到欢迎的。

➤ 帕丽斯·希尔顿（Paris Hilton）

帕丽斯·希尔顿作为希尔顿集团的后代及继承人，身价过亿、长相姣好，凭借着真人秀、豪放的穿衣风格，成为家喻户晓的名人，吸引了一大群羡慕千金大小姐生活的粉丝（见图 6-21）。

2000 年，帕丽斯签约唐纳德·特朗普的模特儿公司 T Management，从此加入娱乐圈。她参与拍摄了不少大牌的广告，包括 Iceberg Vodka、GUESS、Tommy Hilfiger 和 Dior。2006 年参加真人秀《简单生活》，与名媛尼科利奇（Nicole Richie）一起演出，被大众所熟知。节目中，她们千金大小姐的豪华生活吸引了众多观众的注意，粉色的敞篷跑车、粉色套装、身穿昂贵珠宝的宠物犬立刻成为这帮名媛们的标志性形象。借此，帕丽斯·希尔顿的形象一度成为美国豪门千金的代名词，在不少电影中出现的千金小姐形象都与帕丽斯在真人秀的表现有着极多的相似。她所穿着的 Juicy Couture 的金丝绒套装以及粉色棒球帽的造型立刻风靡全球，在日本被誉为"名媛风"，那一身

图 6-21　帕丽斯·希尔顿

的金丝绒套装也成为 Juicy Couture 品牌的经典产品。名媛、模特、时尚达人等身份的加持，使帕丽斯出书、出唱片、与各大时尚品牌展开合作，其中最成功的就是跟 Parlux Fragrances 香水公司合作设计的香水系列。

后来她慢慢淡出公众的视野，不再有那么多的豪放的举动和花边绯闻；开设了自己的同名时尚网站，贩卖具有自己时尚特点的服装、包、鞋子、香水和配饰，甚至在淘宝开设了同名的平价彩妆品牌，口红只标价 99 元人民币。此外，她还投资赛车队、俱乐部、酒吧等，所经营的产业遍及全球。昔日占据娱乐头条的名媛已经转变成为一名成功的时尚商人。

➤ Lady Gaga

2008 年，女歌手 Lady Gaga(见图 6-22)以夸张的造型、具有冲击力的曲风横空出世，一举拿下各个音乐榜单的榜首及各种奖项，歌曲 *Poker Face* 成为当年的热门歌曲，后续的 *Bad Romance* 也引起了轰动，横扫了 MTV 大奖、格莱美奖、金球奖、艾美奖等许多重量级音乐大奖项。

图 6-22　Lady Gaga

相比独特的歌曲曲风、震撼的歌喉，更具有冲击力的是她的演出造型，异于其他女歌手的青春、甜美、优雅或性感的风格，她的造型怪异、前卫又时尚，几乎每个时尚媒体都争相报道 Lady Gaga 出席了什么活动、穿着了什么样惊人的服装。Lady Gaga 本身就是具有独特时尚嗅觉的设计师，她说自己的时尚感觉继承自母亲，并且崇尚范思哲的时尚观念，而且后来也成为范思哲的品牌代言人。当年，作为刚出道的新人歌手，各大知名时尚设计师均与她有过合作，其中最有名的就是已故设计师亚历山大·麦昆为其在《Bad Romance》的 MV 中设计的犰狳鞋，第 52 届格莱美颁奖典礼上阿玛尼为她打造的"太空装"，还有束成大蝴蝶结的发型、银色的高腰开叉连体衣、怪异生牛肉装、银色海胆造型、龙虾头饰等。Lady Gaga 早期的另类造型，让她在时尚圈名声大噪，许多设计师都以与她合作的经历为荣。后来，Lady Gaga 不再追求过于另类的造型，或中性，或优雅，或街头，或朴实的百变风格，在女明星中独树一帜。

➤ 杨幂

杨幂是中国当红的女演员,毕业于北京电影学院,小时候曾经是一名童星,做过时尚杂志《瑞丽》的模特,2003 年正式作为演员出道。杨幂的机场街拍以时尚、轻奢又容易模仿的着装风格得到了网友的许多赞赏。网络上经常出现这样的时尚报道——"杨幂一年穿火 600 件衣服",这数据可能不可靠,杨幂因此成为"带货女王"的称号确是事实。街拍本来是一种常见的时尚、娱乐报道形式,最初是为了满足大众对于明星私下生活的八卦欲望,看看平时光鲜亮丽的明星在私下是什么样的、会穿什么品牌的衣服。但是,现在的街拍已演变成明星们、时尚红人们展示自身时尚能力以及为品牌宣传产品的舞台。由于街拍的参与门槛较低,专业街拍团队犹如雨后春笋般出现。2017 年,杨幂成为美国轻奢品牌 Michael Kors 的全球首位品牌代言人,在此之前也一直是该品牌公开承认的挚友,在她这几年的机场街拍中经常出现该品牌的包袋及服装,更是通过街拍将其品牌的几款包变成大热的款式。此外,一些不被中国消费者熟悉的国际二、三线时尚品牌,也因为杨幂的穿着而被国内的消费者追捧,比如 Maje、Acne Studio、Sandro 等。

6.6　代表设计师及其社交圈

亚历山大·王(Alexander Wang),中文名王大仁,是一名 ABC(美国出生的华人),是纽约最红最年轻的华裔设计师。他 18 岁时搬去纽约,并在纽约著名的时装设计学院 Parsons 攻读设计专业,二年级时就在 Marc Jacobs 品牌、设计师 derek lam 的工作室和 *teen Vogue* 实习,还多次获得 CFDA 等颁发的时装界大奖。Alexander Wang 品牌一贯的简洁风格是它的特点,代表了年轻一代设计师的态度——时尚且更注重商业效益。2012 到 2015 年,28 岁的王大仁担任巴黎世家的创意总监,成为第一位接掌欧洲著名时尚品牌的美国设计师,为这个古老的法国品牌注入了一股年轻的活力。2014 年,王大仁与 H&M 的联名合作款更是让广大消费者在门店彻夜排队购买。2015 年,他被时代杂志选入全球最有影响力的 100 人。

许多人形容王大仁不只是时装设计师,更是时装策划人,具有敏锐的商业头脑,更能迎合年轻消费者的需求。但是,他也因为过于商业化而受到不少批判。不可否认,王大仁是一位优秀的年轻设计师,华裔的背景更为之增添,商业价值。

王大仁如同现在很多知名的设计师一样,在学生时代开创了自己的服装品牌。2005 年,在哥哥和嫂子的帮助下,19 岁的王大仁推出一个中性风针织衫系列,一共有 6 件,服装生产原料亦通过家族关系得以从中国获取,通过寄售的方式销售,至今这个品牌还是家族式管理。这些针织衫的销售情况很好,王大仁的个人品牌很快就发展成为成熟的女装系列。到 2007 年,王大仁已经设计了一整套成衣系列,并在纽约秋冬时装周上发布了第一场时装发布会。该系列发布后立即收到热烈回响。美国 *Vogue* 的主编安娜·温图尔(Anna Wintour)是其中最为关键的支持者(见图 6-23),她运用自己的影响力很快使这位初出茅庐的设计师大受关注。当王大仁收到来自法国巴黎世家的工作邀请时，许多人并不看好这位来自美国的亚裔年轻设计师能够掌控好一个巴黎的古董级时装品牌，一时间非议四起，安娜·温图尔则是众多骂声中强烈支持王大仁的那一个，并且提醒他如果不去，将来会后悔。

　　美国知名设计师戴安·冯·芙丝汀宝（Diane von Furstenberg）也是对王大仁有知遇之恩的伯乐（见图 6-24）。当年王大仁发布的第一个针织系列就曾受到戴安·冯·芙丝汀宝的赏识，并邀请王大仁为自己的品牌设计针织衫，但事业刚起步的王大仁拒绝了她的邀请。2008 年，王大仁获得了美国设计师协会 CFDA Fashion Fund 后，戴安·冯·芙丝汀宝成了王大仁的个人导师，他俩从此也成了良师益友。2009 年，王大仁斩获了施华洛世奇年度女性设计奖（Swarovski Womenswear Designer of the Year），并获得瑞士纺织奖（Swiss Textiles Award）。

图 6-23　王大仁与安娜·温图尔　　　　图 6-24　王大仁与戴安·冯芙丝汀宝

　　退出巴黎世家后的王大仁专心经营 Alexander Wang 品牌，具有庞大年轻消费群体的 H&M 和阿迪达斯分别推出联名合作款。王大仁每年的时装秀最受瞩目的除了服装外，就是由王大仁一手操办的 After Party。王大仁对媒体说最喜欢派对，并且每次纽约时装周后的派对都是欢乐无比，2017 年更是把派对搬上了秀场，让参与的人一起狂欢。王大仁在时尚中的成就也为他带来了良好的人缘，每年的秀场模特和嘉宾都是群星云集。2015 年，王大仁在法国巴黎的教堂举办了他在巴黎世家的最后一场发布会，时尚界的老佛爷卡尔·拉格斐、纪梵希的总监里卡多·提西（Riccardo Tisci）纷纷送上祝福的花篮；多年好友韩国女子偶像组合 2NE1 的队长 CL 为其送上香吻；中国女歌手李宇春也是其多年好友，并多次受邀参加巴黎世家的时装发布会且为其设计演唱会服装。王大仁品牌十周年时，更是有摄影师史蒂芬·克莱因（Steven Klein）掌镜，与 37 位时尚界的明星推出一系列"通缉令"照片，有 the weekend、kate moss、金卡戴珊、孙菲菲、吉玛·沃德（Gemma Ward）、坎耶·韦斯特（Kanye West）等。2017 年秋冬时装周里，卡戴珊的小妹肯豆（Kendall Jenner）与话题女模贝拉·哈迪德（Bella Hadid）为他开场，日本人气模特水原希子，辛迪—克劳馥的女儿凯雅，维密天使坎蒂丝·斯瓦内普尔（Candice Swanepoel）纷纷参与走秀，台下还有贝克汉姆的儿子布鲁克林·贝克汉姆、肯豆的家人 Kylie Jenner、Gigi Hadid 等话题人物。

6.7　当代设计特点与流行色彩

　　千禧年后,全球化的经济加强了各地区之间的联系,多元化的文化蓬勃发展,高速发展的网络加速了人们生活的步伐,也改变了生活方式和大众审美。物质丰富的社会带来了大量、快速的时尚产物,高街品牌在时尚中占据一席之地,快速模仿和生产成为流行的必备,流行趋势的预测显得尤其重要。消费者对时尚的喜好不断被细分,20 世纪的摇滚乐、嬉皮士、迪斯科等影响依然存在,20 世纪 70～90 年代的复古风盛行,前卫另类的时装也不断充斥着人们的眼球。

　　在信息化时代下,依靠计算机的高速分析统计能力,流行色趋势的预测也更加准确。流行预测机构每年都会推出相关预测报告,流行色预测报告一般提前 18 个月发布,为服装行业提供参考。流行色预测报告通过对往年的数据分析,囊括了各种各样的色彩信息,从年度色彩到季节色彩,从服装到配饰,根据不同地域、不同种类、不同风格发布详尽的流行色预测报告(见图 6-25)。

New！色彩
—女士

色彩警报
女装色彩警报：天际蔚蓝
10.11.17

秀场分析
2018春夏女装关键色彩
10.05.17

色彩警报
美国女装色彩警报：电光
淡紫色

灵感
现代中性色之多样性
09.27.17

2018/19秋冬服装色彩情
报
09.26.17

图 6-25　WGSN 更新的色彩预测

　　权威色彩机构潘通色彩每年年底都会发布接下来一年的年度色彩,并且每个季度再发布进一步的色彩信息,对时装周上的色彩进行总结,给企业提供参考。潘通专注于色彩研究,除了发布趋势报告外,也有相关色彩染料的研究、提供不同材料的标准色卡,进行色彩管理工具的研发,涵盖了平面设计、服装设计、家居装潢、工业设计等多个领域。

　　WGSN 是英国在线时尚预测和潮流趋势分析服务提供商,专门为时装及时尚产业提供网上资讯收集、趋势分析及新闻服务。公司旗下有 150 名创作和编辑人员经常走访全球各大城市,并与遍及世界各地的资深专题作者、摄影师、研究员、分析员以及潮流观察员组成强大的工作网络,紧密追踪新近开幕的时装名店、设计师、时尚品牌、流行趋势及商业创新等动向。除了宏观预测外,WGSN 会根据不同的地理文化背景、不同年龄层等多个角度对未来时尚趋势的发展做出预测,还会对之前的预测做流行验证分析,其权威、详尽的报告内容为服装企业提供了大量实用的流行趋势信息。

　　21 世纪的前十年见证着各种对 20 世纪流行元素的致敬。复古风潮一阵接着一阵,

DVF 的招牌裹身裙再次回到潮流前线,稍作改良后的裹身裙得到了 Gwyneth Paltrow 和 Jade Jagger 等明星的青睐。没过多久,裹身裙成为高街品牌的抄袭范本,在街上随处可见其身影。Dior 和 Louis Vuitton 则不走"小家碧玉风",大刮复古风,向 50 年代的"好莱坞华丽"致敬,走奢华高贵路线。Balmain 大炒垫肩余热,Versace 复活了莱卡面料,Gucci(见图 6-26)和 Marc Jacobs 的 Dynasty 系列则大玩迪斯科元素。复古风同时也刮到了头上,Bobo 头"死灰复燃"再次回到发型师的清单上。时尚达人 Sienna Millar 和 Helena Christensen 改良了 60 年代的嬉皮风,注入了更多的性感元素和摩登感,开创了"波西米亚风格"的新浪潮,让飘逸长裙、牛仔靴、绣花上衣、花朵图案、蝙蝠袖开衫、毛茸茸背心和"Hobo bag"(一种大尺寸新月形的单肩包)大受欢迎。

图 6-26　2017 年 GUCCI 与 Unskilled Worker 联名系列

社交媒体和网络购物的出现孕育了全新的时尚商业模式,除了时装发布会、时尚资讯媒体等的传统传播媒介外,时尚资讯在社交软件和购物平台上迅速扩散,使消费者能够在第一时间得到时尚讯息,品牌也能够更快了解消费者的需要和对商品反馈。越来越多的年轻品牌出现在人们的视野中,比如 Acne Studio 这类以极简风为主且很少打广告的北欧品牌,趣味十足、活泼多变的 Moschino 等。相比历史悠久的奢侈品牌,这些品牌的商品价格较低而且更加时尚,更能满足年轻人对穿着的要求。高街品牌以其快速的复制能力依旧流行,价格低廉、款式多样,所以是许多年轻人的首选。社交媒体和购物网站中也滋生出一批年轻品牌,它们拥有众多的网络粉丝,主要以网店的方式进行售卖。

6.8　本章小结

本章探讨水平理论引导的服装流行传播,总结了水平理论引导的时代特征和时代背景。对水平传播理论的提出与发展、水平传播的特点与传播轨迹进行归纳。发现水平传播过程中的时尚驱动群体有网红、平民时尚偶像、明星影响力和社交平台。分析了当代主流艺术形态为艺术娱乐化和时尚平民化这两种鲜明的状态。最后描绘了水平理论引导下的代表性时尚人物、代表设计师及其社交圈和当代设计特点与流行色彩。

参 考 文 献

[1] Amy De La Haye. The House of Worth：Portrait of an Archive 1890—1914 [M]. London：Victoria & Albert Museum，2014.

[2] Brooklyn Museum. The House of Worth [M]. New York：Brooklyn Museum，1962.

[3] Diana De Marly. The History of Haute Couture，1850—1950 [M]. England：Batsford Ltd，1980.

[4] Diana De Marly. Worth：Father of Haute Couture [M]. England：Elm Tree Books，1980.

[5] Michael R. Solomon，Nancy J. Rabolt. Consumer Behavior In Fashion [M]. London：Prentice Hall，2009.

[6] Michael R. Solomon，Nancy J. Rabolt. Consumer Behavior In Fashion [M]. London：Prentice Hall，2009.

[7] (法)罗伯特·杜歇. 风格的特征[M]. 司徒双，完永祥，译. 上海：生活·读书·新知，2003.

[8] (美)诺克林. 女性，艺术与权力[M]. 游惠贞，译. 桂林：广西师范大学出版社，2005.

[9] (美)施拉姆. 传播学概论[M]. 何道宽，译. 北京：北京大学出版社，2007.

[10] (美)[S. B. 凯瑟]Susan B. Kaiser 著，李宏伟，译. 服装社会心理学[M]. 北京：中国纺织出版社，2000

[11] (美)A. 卢里. 解读服装[M]. 李长青，译. 北京：中国纺织出版社，2000.

[12] (美)B. 约瑟夫·派恩(B. Joseph Pine Ⅱ)，(美)詹姆斯·H. 吉尔摩(James H. Gilmore). 体验经济[M]. 夏业良，鲁炜，等译. 北京：机械工业出版社，2002.

[13] (美)Rita Perna. 流行预测[M]. 李宏海，等译. 北京：中国纺织出版社，2000.

[14] (美)S. B. 凯瑟. 服装社会心理学[M]. 李宏伟译. 北京：中国纺织出版社，2000.

[15] 包铭新. 时髦辞典[M]. 上海：上海文化出版社，1999.

[16] 包铭新. 世界名师时装鉴赏辞典[M]. 上海：上海交通大学出版社，1991.

[17] 薄其红. 论高级时装的历史演变及未来发展趋势[D]. 济南：山东轻工业学院，2010.

[18] 曾琦，傅师申，梅芳，叶娇. 解析现代流行服饰文化传播中的符号化特征[J]. 纺织学报，2006(1).

[19] 陈彬，时装设计风格[M]. 上海：东华大学出版社，2009.

[20] 陈耕. 解构风潮中的东方力量——三宅一生与川久保玲时装设计浅析[J]. 装饰，2012.

[21] 陈静杰. 后现代服装形态研究[D]. 天津：天津工业大学，2005.

［22］陈立勋,杨茂川.后现代主义的文化与设计[J].装饰.1996(06).

［23］陈少峰,赵磊,土建平.中国互联网文化产业报告[M].北京:华文出版社,2015.

［24］陈炎,李梅.中国与西方服饰的古代、现代、后现代特征[J].文艺研究,2005(08).

［25］杜鹃.山宅一生设计思想研究[D].北京:中央美术学院,2007.

［26］樊姝,牛继舜.巴黎高级定制时装的设计与发展[J].纺织科技进展,2013(03).

［27］冯晓冉.生活方式影响下的服装流行研究[D].天津:天津工业大学,2008.

［28］冯泽民,刘海清.中西服装发展史教程[M].北京:中国纺织出版社,2005.

［29］高宣扬.流行文化社会学[M].北京:中国人民大学出版社,2006.

［30］韩琳娜.保罗·波烈女装设计的身体观研究[D].武汉:武汉纺织大学,2013.

［31］何晓佑.未来风格设计[M].南京:江苏美术出版社,2001.

［32］何韵潇.现代流行服饰中波普艺术的应用与研究[D].南京:南京艺术学院,2010.

［33］胡剑光.巴黎高级时装业的发展和演变[J].黑龙江纺织,2006(02).

［34］华梅.服装美学[M].北京:中国纺织出版社,2003.

［35］黄利筠.后现代主义设计思潮对服装设计的影响[D].长沙:湖南师范大学,2006.

［36］黄元庆.服装色彩学[M].北京:中国纺织出版社,2004.

［37］江璇.网红传播与电子商务关系研究[D].济南:山东大学,2017.

［38］金晶.服装文化意识与女装形式关系研究[D].杭州:中国美术学院,2013.

［39］金晶.服装文化意识与女装形式关系研究[D].杭州:中国美术学院,2013.

［40］李橙.亚历山大·麦昆的设计研究[D].苏州:苏州大学,2014.

［41］李春晓.后现代主义思潮下的服装设计[D].上海:东华大学出版社,2005.

［42］李当岐,西洋服装史[M].北京:高等教育出版社,1998.

［43］李当岐.服装学概论[M].北京:高等教育出版社,1990.

［44］李当岐中西方服饰文化比较[J].装饰,2008(S1).

［45］李辉.浅析影响服装流行变化的原因[J].新西部(下旬.理论版),2011(09).

［46］李洁.时当代科技的发展对服装流行变迁的影响[D].武汉:武汉纺织大学,2015.

［47］李宁.法国高级定制时装的发展与历史[J].新乡学院学报(社会科学版),2011.

［48］李婷.波普的情调——插画艺术在服装印花中的应用[D].武汉:湖北美术学院,2015.

［49］李薇.怀念与伊夫·圣洛朗的"相遇"[J].装饰,2008.

［50］李想.军装风貌服装设计的研究[D].上海:东华大学 2005.

［51］李银河.女性主义[M].济南:山东人民出版社,2005.

［52］李增云.消费主义视野中的粉丝消费行为研究[D].北京:中国传媒大学,2008.

［53］李昭庆.服装流行与文化影响力研究[D].苏州:苏州大学,2010.

［54］李志榕.全方位设计——和谐社会的需求[J].装饰.2006(08).

［55］梁梅,新艺术运动概览[J].装饰,2007.

［56］廖雪梅.论女权运动对"中性化"女装设计进程的影响[D].苏州:苏州大学,2008.

［57］刘晓娟.论媒体冲击下服饰文化的发展和变异[D].天津:天津工业大学,2006.

［58］刘英丽.二十世纪中期巴伦夏加品牌服装结构研究[D].上海:东华大学,2015.

[59] 卢旭. 探究女性主义思潮影响下女装风格的演变[D]. 北京:北京服装学院,2012.

[60] 梅玫,服装的流行传播与推广模式的研究[D]. 天津:天津工业大学,2008.

[61] 倪娜. 后现代主义思潮对中国服装设计影响之研究[D]. 天津:天津工业大学,2008.

[62] 彭永茂,王岩.20 世纪世界服装大师及品牌服饰[M]. 沈阳:辽宁美术出版社,2001.

[63] 申丽花. 论波普设计运动中的玛丽·昆特与迷你裙[D]. 北海:北海艺术设计学院,2014.

[64] 时尚与传播评论[M]. 武汉:湖北人民出版社,2012.

[65] 宋少卿. 新媒体时代服装营销传播研究[D]. 北京:北京服装学院,2008.

[66] 孙睿. 未来主义服装风格分析及设计研究[D]. 南京:南京艺术学院,2014.

[67] 孙睿. 未来主义服装风格分析及设计研究[D]. 南京:南京艺术学院,2006.

[68] 所云霞. 高级时装历史与发展研究[D]. 天津:天津工业大学,2005.

[69] 唐建光,时尚史的碎片[M]. 北京:金城出版社,2011.

[70] 唐可欣,魏玮. 西方经济学经济周期理论研究进展与展望[J]. 经济纵横.2010(12).

[71] 田满心. 关于服装周期性规律的分析与研究[D]. 沈阳:沈阳师范大学,2015.

[72] 王恩铭. 美国反正统文化运动[M]. 北京:北京大学出版社,2008.

[73] 王莉莉. 论微博时代的平民偶像:一种网络亚文化研究[D]. 苏州:苏州大学,2010.

[74] 王罗,刘晓刚,罗蔓. 论名人效应对于服装品牌的影响力[J]. 美与时代,2012.

[75] 王梅芳,时尚传播与社会发展[M]. 上海:上海人民出版社,2015.

[76] 王梅芳,时尚传播与社会发展[M]. 上海:上海人民出版社,2015.

[77] 王朋. 极简主义风格在服装设计中的应用与研究[D]. 武汉:武汉纺织大学,2014.

[78] 王珊.2000 年到 2006 年女装廓形的研究[D]. 上海:东华大学 2007.

[79] 王受之. 世界时装史[M]. 北京:中国青年出版社,2002.

[80] 王爽. 互联网与文化生产、推广和消费研究[D]. 济南:山东大学,2016.

[81] 王展. 中西方衣褶构成形态比较研究[D]. 北京:清华大学,2008.

[82] 魏振乾. 国际著名服装品牌风格研究[D]. 成都:四川大学,2006.

[83] 文洁华. 美学与性别冲突[M]. 北京:北京大学出版社,2005.

[84] 吴小飞. 网红经济的内容生产研究——以 Papi 酱、张大奕、小智为例[D]. 合肥:安徽大学,2017.

[85] 伍岭. 嬉皮风格服饰研究[D]. 苏州:苏州大学,2006.

[86] 夏颖. 嬉皮士与美国反主流文化运动[D]. 苏州:苏州大学,2011.

[87] 谢路路. 浅析 20 世纪西方女性主义思潮下的服饰文化变革[J]. 大众文艺,2014(02).

[88] 谢倩,蒋晓文. 社会背景下女装消费心理研究[J]. 国际纺织导报,2014(05).

[89] 幸雪,顾雯,王凯等. 社会背景与服装流行风格之间的关联[J]. 丝绸,2016.

[90] 许晓萌. 中西时尚文化研究[D]. 天津:天津工业大学,2017.

[91] 杨程. 地域性文化影响下的服装分析[D]. 青岛:青岛大学,2010.

[92] 杨道圣. 时尚的历程[M]. 北京:北京大学出版社,2013.

[93] 杨静蕊.Gucci 的品牌文化与色彩运用[J]. 西部皮革,2009.

[94] 伊人. 绿色服装设计与创新研究[D]. 苏州:苏州大学,2011.

［95］张法.中西美学与文化精神［M］.北京：中国人民大学出版社，2010.

［96］张晶.消费文化视域下的法国装饰艺术运动时期女性服饰设计［D］.北京：北京印刷
学院，2013.

［97］张静怡.浅析波普艺术对服装设计的影响［J］.艺术评鉴，2017(16).

［98］张雷.20世纪以前西洋服装造型的研究［D］.济南：山东大学，2008.

［99］张丽华.十九世纪下半叶查尔斯·F.沃斯服装复原研究［D］. 上海：东华大
学，2010.

［100］张乃仁，杨蔼琪.外国服装艺术史［M］.北京：人民美术出版社，1992.

［101］张腾.20世纪10年代中西方女装结构比较［D］.北京：北京服装学院，2016.

［102］张伟明，王松华，许威波.地域文化是设计艺术的灵魂［J］.装饰，2008(10).

［103］张辛可.时尚的本质［J］.装饰，2006(09).

［104］张星，服装流行学［M］.北京：中国纺织出版社，2015.01

［105］张玉玲.知识经济时代文化消费的特征［J］.理论月刊，200

［106］赵春华，时尚传播［M］.北京：中国纺织出版社，2014.

［107］赵放.体验经济思想及其实践方式研究［D］.长春：吉林大学，2011.

［108］郑茂.女性身体形象的自我建构——以可可·香奈儿的设计为例［D］.北京：中央美
术学院，2011.

［109］周庆山.传播学概论［M］.北京：北京大学出版社，2004.

［110］朱蕾.近世纪西洋女装风格演变［D］.苏州：苏州大学，2009.

后　记

　　身处中国服装与时尚教育产业的前沿,深刻体会到产业的飞速发展,也见证了中国时尚产业、中国文化与世界不断融合的进程。其中,流行资讯作为时尚产业的核心与血脉,始终贯穿于时尚产业与服装产业的运转与发展。当下,呼应浙江省八大万亿产业之一,即时尚产业的发展契机,基于社交圈分析视角,纵览时尚与流行传播的发展脉络、传播路径,基于社交圈分析这一新视角审视服装流行传播的过去、现在与未来。得益于与纽约州立大学多位教授多年来持续的共同研究与深入探讨,结合作者在中国美术学院博士后流动站工作期间的思悟,撰写《服装流行传播与服装社交圈》书稿。从信心满满到一再修改,将近两年的时间才提交终稿。

　　鉴于时尚产业的快节奏与流行资讯的瞬息万变,有感于一再拖延反而导致内容与信息的过时。希望所完成的书稿能帮助读者形成对流行传播、时尚演变、视觉表述等相关内容的系统认知。最后感谢家人在两年多中的支持与包容,以及学生凌春娅、沈丽旸、许鸣迪、郑嫣然、郝艺妍、汪若愚、沈李怡、徐颖杰、王明坤,他们为书稿收集了相关的研究资料。

　　感谢我的研究生们的协助,也感谢我的家人。希望本书的梳理能给予读者一些感悟与启发。

刘丽娴

于浙江理工大学十九号楼

2018 年 3 月 22 日